岩波現代全書
114

「数」を分析する

岩波現代全書
114

「数」を分析する

八木沢 敬
Takashi Yagisawa

まえがき

　本書は数学の本ではない．哲学の本である．数学についての哲学の本である．しかも，数学全般についての哲学の本ではない．数（すう），とくに自然数，についての哲学の本である．

　自然数の重要さには議論の余地がない．自然数なくしては，いかなる学問も，文化も，文明も，日常生活も成り立たない．自然数を使わずにリアリティーを満足に記述することはできないし，そもそも自然数がないリアリティーなどありえない．リアリティーに何かが存在すれば，その何かは，いくつか自然数個あるはずだ．仮にリアリティーにまったく何もないとしても，それはゼロ個のものがあるということなので，（ゼロという）自然数はあることになる．リアリティーと自然数は切っても切れない関係にあるのである．

　自然数論以外の数学分野には触れないが，そういう分野の代表である幾何学と自然数論のちがいの1つを指摘することによって，本書の本題である自然数の分析の足がかりにすることにしよう．

　自然数論と幾何学のちがいはいくつかある．そのうち1つの重要なちがいは，あきらかに，幾何学の対象が個体ではないということだ．幾何学は，三角形とか台形とかトーラスなどをはじめとする図形一般についての学問であって，ある特定の三角形や台形やトーラスについて，それだけにあてはまる真理を探究する学問ではない．もちろん，たとえば正三角形とか二等辺三角形とかいった特定の種類の三角形を，そのほかの種類の三角形とは区別してあつかうこともあるが，1つの特定の正三角形の個体を問題にするのではない．すべての正三角形の

個体について，それが正三角形であるかぎりにおいて所有している性質を調べるのである．

　これとは対照的に，自然数論は，自然数一般にあてはまる真理を探究すると同時に，特定の自然数1つ1つについても別々に語る．たとえば，0に先行する自然数はないとか，17は素数だとかいうのは，0という特定の自然数である個体，17という特定の自然数である個体についての主張であって，ほかの自然数についての主張ではない．たとえば，「1と2と5と10のみを因数とする自然数は1つしかない」という存在命題は，10という特定の自然数が1つの個体として存在するから真なのである．それにくらべて「内角がすべて60°である三角形は1つしかない」という存在命題は真ではない．そのような三角形(正三角形)は無数にある．辺の長さがことなる正三角形はおなじ個体ではないからだ(xがもっていてyがもっていない性質があればxとyは同一の個体ではない，というのは同一性についての基本的な原理である)．「内角がすべて60°である三角形は一種類しかない」という存在命題は真だが，それはトリヴィアルだから真であるにすぎない．「内角がすべて60°である三角形」という三角形の種類は，それ以外の(三角形の，またはもっと一般に図形の)種類とは別の種類である1つの特定の種類だが，1つの特定の個体ではない．「グラニー・スミス」というリンゴの種類が1つの特定の種類であって，1つの特定の物理的個体ではないのとおなじである．

　個々の自然数は個体だ．もちろん物理的個体(物体)ではないが，非物理的個体だ．すくなくとも，それが本書でのわたしたちの出発点である．それとはことなり，自然数は図形のように個体性をもたない何かだという立場もあり，それは第4章で検討するが，そもそも，その

ような立場が注意を引くのは，図形の場合とちがって，自然数が個体ではないという主張が驚くべき主張だからにほかならない．

　自然数にかんする文は，「3 たす 7 は 10」などという教科書的な文にかぎらず，日常生活にあふれている．自然数にかかわる語句も，副詞，形容詞，名詞，動詞など，いろいろある．

女性が 2 人お茶を飲んでいる．	（副詞）
2 人の女性がお茶を飲んでいる．	（形容詞）
お茶を飲んでいる女性が 2 人いる．	（副詞）
お茶を飲んでいる女性の数は 2 だ．	（名詞）
お茶を飲んでいる女性の数は 0 だ．	（名詞）
お茶を飲んでいる女性はいない．	（動詞）
女性は誰もお茶を飲んでいない．	（名詞，動詞）

　最後の 2 つの文には数字がないが，「いない」と「誰も…いない」という表現が「0」という数字の役割をになっているといっていい．上の 7 つの文はすべて，日常生活でわたしたちが自然数を使うもっとも普通の状況を例示している．それは「かぞえる」という行為をする状況である．かぞえることができなければ，自然数について考えることもないだろう．いっぽう，かぞえることができれば，自然数について考えないわけにはいかなくなる．

　かぞえるという行為について考えることからはじめて，自然数の本質，経験世界との関係という 2 つの主題にまつわる諸々のトピックを，緻密な思考で突きつめていこうというのが本書のねらいだが，それをするには，漠然と気分のむくまま頭をひねっているだけではダメであ

る．きちんとした方法がいる．本書で使うのは，どんなトピックの哲学的な分析にも必要だが特に自然数の分析には絶対に不可欠な方法，すなわち論理の方法である．本書と対をなす拙著『「論理」を分析する』(岩波現代全書)にくわしく説明されている演繹論理学は，歴史的にも自然数論と深い関係にあり，自然数を語るにあたって，方法として欠かすことのできない役割をになうにとどまらず，内容にかんしても中心的な重要性をもっている．自然数についての考察のなかで，論理学の特定の概念やテーゼにたよることがもとめられる場合，そのつど適宜『「論理」を分析する』に言及するというのが本書の方針である．

目　次

まえがき

第1章　かぞえるということ …… 1
　1　リンゴをかぞえる　5
　2　リンゴの分子　10
　3　1頭のトラの数　15
　4　「もの」はかぞえられない　21

第2章　自然数という個体 …… 25
　1　方向という個体　27
　2　同値類　28
　3　1対1対応　30
　4　物体から離れた個体　33

第3章　概念と集合 …… 41
　1　ラッセルのパラドックス　42
　2　レベルのヒエラルキー　44

第4章　集合としての自然数 …… 47
　1　ありすぎる定義　49
　2　わたしたちが作る自然数　52
　3　自然数論に自然数はいらない　56

第5章　基数と順序数 …… 61
　1　メンバーの順序づけ　63
　2　デーデキント・ペアーノ公理　68
　3　かぎりない無限　72

　　　　4　有理数とアレフ・ゼロ　78
　　　　5　実数とアレフたち　85
　　　　6　メンバーの集合の集合　89
　　　　7　無限数へのアクセス　94
　　　　8　数学的帰納法　97
　　　　9　数学的帰納法を疑う　100
　　　　10　砂山のチャレンジ　104

第6章　確実性と必然性 ……………………… 113
　　　　1　物体に対する自然数の優越性　114
　　　　2　アプリオリ　116
　　　　3　アポステリオリ　119
　　　　4　抽象性と存在　123

第7章　自然数のフィクショナリズム ………… 125
　　　　1　フィクションとノンフィクションのちがい　127
　　　　2　自然数の有用性　132
　　　　3　話がうますぎる　135
　　　　4　心　138
　　　　5　保守的延長　142
　　　　6　紫の上は存在する　145
　　　　7　お　金　151
　　　　8　世界と世界　153
　　　　9　応用問題　157
　　　　10　ホーリズム　160

第8章　「真だ」≠「証明できる」 ……………… 165
　　　　1　証明できない真理　168

2　嘘つき文　171
3　ゲーデル文は数式　175
4　証明できない無矛盾性　180

第9章　集　合 ……………………………… 185

1　物体の常識　186
2　空間的でない集まり　188
3　一緒くたに語る　192
4　集合だけの集合　200
5　空集合のメンバー　202
6　空集合のメンバー過剰　210

あとがき　215

第1章
かぞえるということ

リンゴの木の枝にリンゴが3個なっている．あなたはそれを枝からもぎとってカゴのなかに入れる．そしてそのカゴを自宅にもち帰り居間のテーブルに置く．その1時間後にリンゴを1個手にとって半分食べ，のこりをカゴに戻す．

　この一連のできごとはごく普通のできごとだが，この普通なできごとには，じつは結構おもしろい哲学的なトピックがいくつか秘められている．まず，もぎとる前に，枝にリンゴが3個なっているという状況があなたには即座に把握できるということが，すでに哲学的におもしろい．状況の把握者としてあなたが特に優れているからおもしろいわけではない．あなたが特別なのではなく，誰でも同様の状況にあればリンゴが3個なっているという状況を把握できる，ということがおもしろいのである．「いったいそのどこがおもしろいのか」と問われれば，その答えは複数あるが，本書にかかわる答えは「リンゴの数が3個だ，とすぐわかるところ」である．

　まず，リンゴをかぞえるということ自体がおもしろい．それは，リンゴの色をみるとか，匂いをかぐとか，触れて表面のなめらかさを感じるとかとはちがう．色をみるには視覚が，匂いをかぐには嗅覚が，なめらかさを感じるには触覚が必要だが，数をかぞえるのに必要な特有の知覚はない．もちろん，リンゴを何らかのモードで知覚していなければ，そのリンゴの数をかぞえることはできないが，数をかぞえるという目的に特化した知覚はない．ということは，かぞえるということは単なる知覚現象ではないということだ．末端知覚器官の働きが引きおこす現象ではなく，中枢での包括的な情報処理によってはじめて達成される心的行為なのである．

　リンゴをかぞえるのは，ミカンをかぞえるのとおなじ種類の行為で

ある．もちろん，リンゴとミカンというちがいはあるが，たとえば，リンゴの皮むきとミカンの皮むきがおなじふうになされる行為ではないのに対し，リンゴをかぞえるのとミカンをかぞえるのは，おなじふうになされる行為である．リンゴの皮をむくのに包丁かナイフを使わない人はいないだろうし，ミカンの皮をむくのに包丁やナイフを使う人はいないだろう．その意味でリンゴの皮むきとミカンの皮むきはちがう．それにくらべて，リンゴをかぞえる行為とミカンをかぞえる行為のあいだに差はない．リンゴを1つ1つ指差しながら「1, 2, 3, ...」と口ずさんだり，あからさまな動作なしに目でリンゴを追いながら心のなかで「1, 2, 3, ...」と念じたりしてリンゴをかぞえるように，まったくおなじ仕方でミカンもかぞえるのである．

　皮むきは，皮のあるものにしかできない．電子の皮をむくとか，内閣の皮をむくとか，天気予報の皮をむくとかは，誰にもできはしない．非常にむずかしいからではなく，そういう行為は意味をなさないからである（比喩的には意味をなしうるといえるかもしれないが，文字通りの意味はない）．電子は物理的実体ではあるが，皮をもつ種類の物体ではない．内閣は人間という物理的実体を構成員としてもつが，それ自体は物理的実体ではないので，皮などありえない．天気予報は物理的実体でないばかりか，いかなる種類の個体でもなく，できごと，あるいは命題なので，「皮」という概念はあてはまりようがない．

　これに対して，かぞえるという行為は，電子にも，内閣にも，天気予報にもあてはまる．じっさい，かぞえることができないものは考えにくい．思考の対象になりうるものならば何でも，かぞえるという行為の対象にもなりうると思われる．自然数そのものも，かぞえることができる．たとえば，2と9のあいだの素数をかぞえるのは，テーブ

ルの上のリンゴをかぞえるのとおなじように簡単である．素数はリンゴのように指差すことはできないので，紙に書いた数字であらわすとか，頭のなかで表示するとかいう操作は必要だが，かぞえられるもの（リンゴ，素数）を正の整数「1, 2, 3, ...」に各々対応させていくという行為にちがいはない．

1　　　2　　　3　　　...

「かぞえる」という行為の例がしめすように，自然数は，リアリティーのすべての部分にかかわる不思議な何かなのである．自然数より幅広い存在感のあるものを考えることは，かなりむずかしい．ひょっとすると不可能かもしれない．

自然数は，すべての種類の数の礎になる数である．「自然数」という単語には，正の整数(1, 2, 3, ...)を指す使用法と，負でない整数(0, 1, 2, 3, ...)を指す使用法があり，どちらも広く普及しているが，本書では後者をとる．「リンゴが3個ある」と「リンゴがない」をおなじ枠組み内で統一的に語るのに，後者のほうが適しているからだ．

リンゴはかぞえられるが，ワインはかぞえられない．「ワインが1つしかない」とか「ワインが3つもある」とかいうのは，文字通り解釈すれば意味をなさない．もちろん，だからといって「ワインがある」が意味をなさないわけではない．「ワインがある」は文字通り十分意味をなし，時と場所によっては真でもありうる．ということは，「ワインがある」は「ワインがすくなくとも1つある」を含意しないということである．水もかぞえられないが，水の分子はかぞえられる

ので,「水がある」は「水の分子がすくなくとも1つある」を含意する.それに対して,ワインの分子なるものはないので,ワインは水より強く,かぞえられるのを拒否する何かである,といえるだろう.

もちろん,ワインをビンやグラスなど何かの入れ物に入れて,その入れ物をかぞえることはできる.だがそれは,ワインをかぞえるというよりも,ワインを測るというべき行為である.「ワインがグラス3杯ある」というのは「ワインが3リットルある」というのとおなじカテゴリーの命題だ.「リットル」という入れ物があるわけではないが,「1リットル」という液体体積が単位として定まっており,その3倍の量のワインがあるというのが「ワインが3リットルある」の意味である.「ワインがグラス3杯ある」の場合は,グラスの容積(またはそれに近い容積)がその場での単位として使われているので,グラスをかぞえれば,その単位の何倍の量のワインがあるかが決定される.いずれにしても,ワインそのものが1つ2つ3つとかぞえられているのではない.

1 リンゴをかぞえる

ワインとちがって,リンゴはかぞえられる.箱に入れて「ひと箱,ふた箱,…」とかぞえられるのみならず,リンゴ自体をかぞえることができる.この点でリンゴは水ともことなる.水の分子とちがってリンゴの分子などというものはないので,リンゴをかぞえるとき,わたしたちはリンゴの分子をかぞえているわけではない.そうではなく,リンゴそのものをかぞえているのである.だが,ここで2つ疑問がわく.

「リンゴの分子というものは本当にないのか？」と「「リンゴがある」は「リンゴがすくなくとも1個ある」を含意するのか？」という2つの疑問である．この2つの疑問のあいだには深い概念関係が成立しており，別々に検討するよりも，共通の例からはじめて関連した形であつかうのがいい．

　リンゴの個数をかぞえた結果が「2」だったとしよう．つまり，つぎの文が真だったとしよう．

　　（1）　リンゴが2個ある．

ということは，リンゴが1個あり，さらにもう1個あり，かつ，もうそれ以上ない，ということだ．これを論理的に正確な言い方で表現しなさい，といわれれば，正統派の論理学にしたがって，つぎのような言い方をするのが普通だろう．

　　（2）　個体xと個体yがあり，xとyはリンゴで，xとyは別物で，xとy以外にリンゴである個体はない．

　これを，論理の記号で書きあらわすとつぎのようになる．

　　（3）　$\exists x \exists y [Ax \,\&\, Ay \,\&\, x \neq y \,\&\, \neg\, \exists z (Az \,\&\, z \neq x \,\&\, z \neq y)]$

「$\exists x$」は「何らかの個体xがあり」，「Ax」は「xはリンゴだ」，「$\neg$」は否定，をそれぞれ意味する．このように論理式として書き出せば，「リンゴが2個ある」という判断をくだすときに，わたしたちは「＝」であらわされる同一性関係にコミットしている，ということがあきらかになる．xとyを2つの個体だと判断するのは，xとyは個体だが同一の個体ではないと判断するということだ．ものの数をか

ぞえるということは，同一性関係を仮定しなくては不可能なのである．これに気づくことは，ごく普通の日常行為が基本的論理概念に支えられているということに気づくことであり，哲学的に大事である．

(3)は(2)の記号化にすぎないので，(2)が(1)の正確な言い換えでなければ，(3)は(1)の正確な記号化ではありえない．だが，じつは(2)は(1)の正確な言い換えではないのである．しかし同一性関係の使用についてあやまりがあるわけではないので，前段落での大事なポイントは損なわれない．では(2)のどこに，あやまりがあるのだろうか．

(1)が真だとしよう．ならばリンゴが2個ある．各々のリンゴは個体なので，個体xがあり，xはリンゴで，個体yがあり，yはリンゴだ．さらに，xとyは別物なので，(2)は真である．よって，(2)は(1)の必要条件である．ここまではいい．だが，その逆が問題なのである．(2)が真だとしよう．ならば，個体xと個体yがあり，xとyはリンゴで，xとyは別物で，xとy以外にリンゴである個体はない．だが，ここからリンゴが2個あるという結論はかならずしも導き出されないのだ．つまり，(2)は(1)の十分条件ではないのである．それを確認するには，つぎのことを確認すればいい．

枝からもいだばかりの1個のリンゴを半分に切ったとしよう．そして，その半分ずつのリンゴを，お皿にもったとしよう．お皿には，それ以外何ももられていない．この状況で，お皿の上に何がいくつあるかと聞かれたら，どう答えるべきだろうか．まず，お皿の上にリンゴがある，ということはあきらかである．そして，リンゴ以外何もない（目にみえない塵や空気などは無視する）．では，リンゴが何個あるのか．お皿のリンゴは枝からもいだリンゴである．枝からもいだリンゴは1個であり，それ以外のリンゴはお皿にない．なので，お皿のリン

ゴは 1 個のリンゴであり，それ以上のリンゴではない．よって，お皿にはリンゴが 1 個あり，かつ 1 個しかない．すなわち，リンゴは 2 個ない．ゆえに (1) は偽である．

と同時に，半分に切り離されたリンゴの「切り身」はリンゴであることに変わりはないので，お皿にはリンゴであるものが 2 個あるということになる．お皿に 2 つの個体がある，ということに疑いはない．そして，その 2 つの個体がともにリンゴだ，ということもたしかである．だが，お皿にリンゴが 2 個あるわけではない．よって，お皿の上の状況を記述する文として (2) は真だが (1) は偽である．ゆえに，(2) は (1) の十分条件ではない．

だが，(1) が偽だということに疑いをもつ読者はすくなくないかもしれない．なぜ，お皿にリンゴが 2 個あるということにならないのだろうか．

それは，「リンゴである個体が 2 個ある」は「リンゴが 2 個ある」を含意しないからだ（「2 個」だけでなく，「1 個」，「3 個」，「4 個」など「ゼロ個」以外ならすべて同様である）．リンゴが 2 個あるために

は，リンゴである個体が2個あるだけではダメで，2個のリンゴがなければならない．すなわち，1個のリンゴがあって，かつ別のもう1個のリンゴがなければならない．リンゴである1個の個体は，1個のリンゴ（である個体）ではかならずしもない．1個のリンゴとリンゴである1個の個体のちがいは，1個のリンゴはリンゴの形をしていなければならないが，リンゴである1個の個体はリンゴの形をしていなくてもいい，ということである．半分に切られたリンゴは，リンゴの形を失っている（正確にいえば，「1個のリンゴ」の形を失っている）．

　半分のリンゴがリンゴの形をしていない，ということを疑う読者は，四角錐に切られたリンゴを想像してみればいい．そのようなリンゴの切り身は，ピラミッドの形をしている．ピラミッドの形はリンゴの形ではない．よって，そのようなリンゴの切り身はリンゴの形をしていない．1個のリンゴを複数の四角錐に切り分けたとしたら，リンゴの数は1個であるという事実は変わらないが，リンゴである個体の数は複数になる．

　「いや，ちょっと待った．その場合，リンゴが1個あるとはいわず，リンゴである四角錐の個体がリンゴ1個分ある，というべきだろう．1個のリンゴは切り分けられることによって存在しなくなり，その代わりに複数のリンゴの切り身が存在することになる．そして，その複数の切り身は，全部でリンゴ1個分なのだ．同様に，半分に切られただけの状況でも，リンゴが1個あるのではなく，リンゴの切り身が1個分あるだけだ」といいたい読者がいるにちがいない．この主張はもっともなのだが，(2)は(1)の十分条件ではないという論点への反論にはなっていない．そのような反論をするためには，(2)が真ならばかならず(1)も真でなければならない，と主張する必要があるが，「目下

の状況ではお皿にリンゴが1個分あるがリンゴが1個あるとはいえない」といっても，そのような主張にはならない．お皿にリンゴが1個あるのではなく，リンゴが1個分あるのだとしても，それは，お皿にリンゴが2個あるという主張の支えにはならない．それどころか，そういう主張を覆すことになるのである．リンゴがきっかり1個分あるならば，リンゴが2個あるのではないのだから．

2 リンゴの分子

　水の分子はあるが，ワインの分子はない．グラスのワインを半分に分けて，それをまた2等分して，それをさらに2等分して，というぐあいに続けても，ワインの分子に到達することはない．それ以上分けたらワインでなくなるという，そういうワインの最小単位というものはない．グラスのワインを2等分した段階では，それぞれの半分はまだワインであり，2等分し続けて炭素，酸素，水素などの化学物質にまで分解されてしまえばワインはなくなるにもかかわらず，その両極端のあいだのどこかに，ワインの最小単位を選り分けできる等分操作の段階があるわけではない．グラス1杯のワインは，数多くの小さなワイン分子の集まりではなく，数多くの小さなワインでないもの(炭素原子，酸素原子，水素原子など)が集まった結果自然にワイン性を帯びるようになったものである．数多くの小さな構成要素の個別の性質だけからは予想できないが，それらの構成要素が複雑な相互関係をもつことによって大局的におのずから現れる性質がワイン性なのである．

　それに対して，コップの水を半分に分けて，それをまた2等分して，

それをさらに2等分して、という具合に続ければ、いずれ水の分子に到達する。水の分子を分割すればもう水ではなくなる。水を構成する何か別のもの(酸素と水素)になる。にもかかわらず、水は「1個、2個、…」とかぞえない。それは、なぜなのだろうか。水の最小単位が存在し、特定のコップの水は、その最小単位を特定の数k個ふくむにもかかわらず、そのコップを指して「水がk個ある」とはいわない。せいぜい「水の分子がk個ある」というくらいだろう。なぜ水と水の分子を、そのように区別するのだろうか。

　それは、水の分子があまりにも小さすぎて、その形が肉眼で知覚できないどころか、複数の分子を識別することもできないからである。複数の分子が識別できなければ、分子が何個あるかわからないので、水の分子をかぞえることはできない。もし仮に大きなサイエンス・フィクション的飛躍によって、水の分子が肉眼で普通にみえるような状況を想像すれば、水をかぞえるということがどういうことか、そして、それがリンゴをかぞえるということといかなる共通点をもち、いかなる相違点をもつか想像できるかもしれない。

　では、リンゴの場合はどうだろうか。リンゴは、ワインとも水ともちがう。ワインや水はかぞえられないが、リンゴはかぞえられる。また、ワインや水に「これがワインの自然な形だ」とか「これが水の自然な形だ」といえる形がないのに対して、リンゴには自然からあたえられた特有の形がある(水の分子の形は自然があたえた形だ、といいたい人は、その形にもとづいてかぞえられるものは水の分子であり、日常わたしたちが普通にかぞえられるものではない、ということに注意してほしい)。すでにみたように、枝からもいだばかりの1個のリンゴから四角錐の果肉を切りとれば、切りとられたその1切れはリン

ゴだが，1個のリンゴではない．せいぜい一片のリンゴである．その
リンゴが1個のリンゴでないのは，枝になっているリンゴが自然にも
っている形状をもっていないからである．また，その一片がとり除か
れたのこりも，リンゴの自然形状が損なわれているので，1個のリン
ゴではなくなっている．

　では，枝になっているリンゴから何らかの部分を切りとれば，切り
とられた部分も，残された部分も，いずれも1個のリンゴとはいえな
い，というわけなのだろうか．いや，ことはそう簡単ではない．枝か
らもぐときヘタごともいだならば，そのヘタもふくめて1個のリンゴ
がもがれたことになる．そのもがれた1個のリンゴからヘタだけをと
り除けば，とられたヘタが1個のリンゴでないのはたしかだが，のこ
りは相変わらず1個のリンゴである．また，1個のリンゴの皮をうす
くむけば，むかれた皮が1個のリンゴでないのはたしかだが，のこり
は1個のリンゴに変わりはない．もし皮をむかれたそのリンゴを食べ
きったとすれば，1個のリンゴを食べたことになるにちがいない．だ
が，非常に厚く芯すれすれまで皮をむいたとすれば，のこりは，もは
や1個のリンゴではないだろう．むかれた皮（と果肉）も，1個のリン
ゴだとはいいがたい．1個のリンゴを半分に切った場合のように，リ
ンゴ1個分は保存されているものの，切り離された二片のリンゴは，
どちらも1個のリンゴではないというべきだろう．

　ここで疑問が1つわきあがる．「リンゴの自然形状とは，一体どう
いう形状なのか」という疑問である．自然に枝になっている普通のリ
ンゴは，リンゴの自然形状をしている．そういうリンゴに少々手を加
えても，リンゴの自然形状は損なわれない．ヘタをとる，皮をうすく
むく，爪楊枝で刺して細い穴をあける，などの行為が，そのような

「少々手を加える」という行為の例だが，任意の行為に一般的に適用できる必要十分条件をあたえることによって，そのような行為を定義することはむずかしい．リンゴの数をかぞえるというごくあたりまえのことを，わたしたちは日常，そのような定義の知識なしに結構うまくやっているのである．

マクロの自然形状があるという点で水とちがうリンゴは，分子がないという点でも，分子のある水とちがう．1個のリンゴがリンゴの分子でないことは，あきらかである．それ以上分ければリンゴでなくなってしまうのがリンゴの分子なので，リンゴである部分を複数もつものはリンゴの分子ではありえないのだから．まったくおなじ理由で，半分のリンゴもリンゴの分子ではないし，4分の1のリンゴもリンゴの分子ではない．分割を続ければ，ワインの場合のように，いずれ化学物質の諸原子にたどり着く．それらの原子はリンゴではないので，分割を続ける過程のどこかでリンゴ性が失われているのだろうが，「ここで失われている」といえるような特定の段階はない．これもワインの場合同様，多数の小さな構成要素が複雑に入り組んで形成していることによって，それら構成要素のミクロのレベルでは予測できない，マクロの性質としてリンゴ性が浮かび上がるからなのだろうか．

いや，そうではない．分子がないという点ではワインとおなじリンゴだが，マクロなレベルでしか意味をなさないワイン性とはちがって，リンゴ性はミクロの性質である．特定の果物を，マンゴーでもキウイでもなくリンゴという果物にするのは遺伝子レベルのミクロの特性であり，その特性があれば大きさや形に関係なくリンゴである．リンゴ性はミクロの性質だが，その性質をもちうる最小単位を一般的な形で述べることは簡単ではない．何らかのサイズの，適切な遺伝子の集ま

りなのだろうが，それ以上正確に特定することは困難である．その意味で(かつ，その意味でのみ)リンゴには分子はないのである．

　ここで，ほかの果物について触れておこう．ミカンをかぞえるときもリンゴの場合のように，ミカン特有の自然形状にしたがって「1個，2個，…」とかぞえるが，1個のミカンは，1個のリンゴとちがって，うすい皮の袋に果肉が入った房に分割されているので，その房を「1房，2房，…」とかぞえることができる．外側の皮をむいても，1個のミカンは1個のミカンだが，房を1つとり除けば1個のミカン以下(未満)になる．

　またブドウの場合には，「房」という語はまったくちがった使い方をされる．ブドウは，リンゴやミカン同様，ブドウ特有の自然形状にしたがって「1個，2個，…」とかぞえるが，「1房，2房，…」とかぞえるのは1個のブドウの部分ではなく，いくつかのブドウから成って枝からぶら下がっている，ひとまとまりである．1個のミカンに入っている房の数が一定でないように，1房のブドウにあるブドウ粒の数は一定ではないが，1房自体の自然形状は特有であり，その形にしたがってわたしたちはブドウの房をかぞえている．房と対比するために，ブドウそのものをかぞえるときには「粒」という語を使うのが普通だ．

　このように，果物だけでも，かぞえるという行為にはいくつかのヴァリエーションがある，ということに留意しなければならない．比較的単純なリンゴの例に戻ってまとめると，リンゴは「1個，2個，…」とかぞえることができるが，1個のリンゴをマクロに等分しても切り離された個体はそれぞれリンゴであるのみならず，リンゴの分子なるものはない．

では，トラはどうか．

3　1頭のトラの数

　リンゴだけでなく果物すべてと同様に，トラにはもちろん自然形状があり，わたしたちは，その自然形状にもとづいてトラを「1頭，2頭，…」とかぞえる（「1匹，2匹，…」とかぞえる人もいる）．この点でトラはワインや水とちがいリンゴに似ている．しかしリンゴとちがって，トラの部分はトラではない（トラ自体をそのトラの部分だとする「部分」という語の使い方があるが，ここではそう使ってはいない）．胴体はトラの胴体だが，それ自体はトラではない．頭，足，尾，皮，内臓，その他の部分も同様にトラの部分ではあるが，それ自体トラではない．この意味で，1頭のトラはトラの分子だといえる．これが，リンゴやミカンなどの果物と，トラやパンダなどの動物のちがいの1つといえるだろう．

　水にも分子があるが，トラの分子とのちがいはサイズだ．水の分子は小さすぎて肉眼ではみえないので，それをかぞえても普通の意味で水をかぞえたとはいえないが，トラの分子すなわち1頭のトラは肉眼で普通にみえるので，トラの分子をかぞえることが即，普通にトラをかぞえることになる．

　ここで，普通はしないトラのかぞえ方について考えてみよう．普通のトラが1頭普通にいるとする．そのトラを「シマコ」と呼ぼう．シマコの左ヒゲのなかで一番長いヒゲを切って，その切ったヒゲを破壊したとすれば，のこるのは何だろうか．それはもちろん1頭のトラであり，もともといたトラすなわちシマコにほかならない．

シマコ全体ではなくシマコの右目だけとか左前足だけに注目することが簡単にできるように，シマコの特定の部分に注目することには何の困難もない．そこで，そのヒゲを切らずに，そのヒゲ以外の部分すなわちシマコからそのヒゲだけを除いた部分に注目したとしよう．そして，それが1頭のトラかどうかと問うたとしよう．そうすれば，その問いの答えはあきらかに，「そうだ，1頭のトラだ」にちがいない．

さらに，別のヒゲを無視したシマコの部分も1頭（すなわちシマコ1頭）だし，右前足の最短の爪を無視した部分も1頭（シマコ）である．無視しても1頭のトラ（シマコ）がなくならないような，そういうシマコの部分は数多くあり，その1つ1つに対応したのこりの部分はあきらかに1頭のトラなので，「これは1頭のトラだ」といわれうるシマコの部分は数多くある．もちろん，それらの部分はじっさいに存在する．つまり，シマコがいる草原のその場所には，「これは1頭のトラだ」といわれうるものが数多くある．すなわち，そこには数多くのトラがいるということになる．これは，おかしいではないか．このかぞえ方の，どこがいけないのだろう．

しかし，そもそも，このかぞえ方は本当にいけないのだろうか．「いけないのだ．なぜなら，シマコがいる場所にはシマコ以外のトラはいないのだから」といいたい気がするが，それは，シマコは1頭のトラであり複数のトラではないということを仮定している．それに対して，目下のかぞえ方によれば，シマコの数は1ではなく複数なのである．「トラが1頭いる」を「シマコが1頭いる」で正当化しようとしても，「シマコが1頭いる」ではなく「シマコが数多くいる」を受け入れるにやぶさかでない論客には説得力がない．シマコからヒゲ1本をマイナスしたものが1頭のトラだ，ということを否定するか，シ

マコから別のヒゲ1本をマイナスしたものが別の1頭のトラだ，ということを否定しなければならない．前者を否定するのはむずかしそうなので，後者を否定することをくわだててみよう．

シマコの1本の特定のヒゲを h_1，もう1つの特定のヒゲを h_2 とし，シマコから h_1 をマイナスしたものを「シマコ $-h_1$」，h_2 をマイナスしたものを「シマコ $-h_2$」と呼べば，シマコ $-h_1$ とシマコ $-h_2$ は別々のトラ，すなわち2頭のトラだということを否定しなければならない．ということは，シマコ $-h_1$ とシマコ $-h_2$ はおなじトラ，すなわち1頭のトラだと主張しなければならないわけだ．だが，これにはつぎのような障害がある．

シマコ $-h_1$ とシマコ $-h_2$ がおなじ1頭のトラだとしたら，シマコ $-h_1$ についていえることはシマコ $-h_2$ についてもいえなければならないが，シマコ $-h_1$ はシマコから h_1 をマイナスした個体だといえるいっぽう，シマコ $-h_2$ はシマコから h_1 をマイナスした個体だとはいえない．シマコ $-h_2$ はシマコから h_2 をマイナスした個体である．ゆえに，シマコ $-h_1$ とシマコ $-h_2$ は，おなじ1頭のトラではない．

この議論が成功しているならば，シマコ $-h_1$ とシマコ $-h_2$ がおなじ1頭のトラではないということのみならず，シマコとシマコ $-h_1$ がおなじ1頭のトラではないということや，シマコとシマコ $-h_2$ がおなじ1頭のトラではないということも，もちろん同様の理屈で証明できるし，シマコからヒゲの代わりに別の身体部分をマイナスした個体もさらなる別のトラ1頭だということも証明できる．よって，シマコがいる草原のその場所には，非常に多くの(シマコを形成している細胞の数以上の)数のトラがいるということが証明できてしまう．

だが，そのような証明はあきらかにおかしいといわねばならない．

草原のその場所にトラが何頭いるかと問われたら，正しい答えは「1頭」であり，「3頭」ではない．まして「50兆頭」ではありえない．ということは，もう1つの選択肢，すなわち，シマコからヒゲ1本（または細胞1個）をマイナスしたものが1頭のトラだということを否定する，という選択肢をとらざるをえないのだろうか．その選択肢の可能性をみることにしよう．

　シマコからヒゲを1本抜いたとしても，のこりは依然としてシマコである．ほんの少し（たとえば3g）だけ体重が減ったが，ヒゲを抜かれる前の300kgの体重のシマコと同一のトラである．「いや，そののこりがシマコならば，シマコについて真で，そののこりについて真でないことはないはずだが，シマコは300kgなのに対し，そののこりは300kgより3g軽い．よって，そののこりはシマコではない」と議論したい読者がいるだろう．だが，その議論は，シマコ $-h_1$ とシマコ $-h_2$ が同一のトラではないとする先の議論と，1つ重要な点でことなる．それは，先の議論はシマコ $-h_1$ とシマコ $-h_2$ をおなじ時点で比較していたが，この議論は比較の時点が別々だという点である．

　2日前あなたは頭髪が肩にとどく長さだったが，今は首筋にかかる程度の長さである（としよう）．だからといって，2日前のあなたと今のあなたが同一人物ではないということにはならない．髪を切ることによってあなたがこの世から消え去り，あなたによく似た別の人物がこの世に現れたわけではない．そう思う人は，あなたも，わたしも，空間・時間内に存在するほかの諸々の個体も「変わる」ことができる，ということを忘れている．

　いろいろなものが変わるということは日常茶飯事である．人や動植物その他の個体だけでなく，天気や国際情勢などもしょっちゅう変わ

っている．変わることがあたりまえすぎて，変わらないものやことや人は注意を引きがちなくらいだ．ある時点でこれこれであり，かつ，別の時点でこれこれでない，ということが「変わる」ということである．2日前の時点で髪が肩までありり，現時点で髪が肩までないというのは，あなたという1人の人間がその2つの時点のあいだに変わったということにすぎない．あなたが2日前髪が肩までありり，わたしが現時点で髪が肩までないからといって，誰かの髪の長さが変わったことにはならない．そうなるためには，あなたとわたしは同一人物だということが前提されている必要がある．つまり，「変化」という概念そのものが，変化するものの同一性を前提しているということである．あなたという1人の個体が，2日前の時点で髪が肩までありり，現時点で髪が肩までないのである．

髪を切ったあなたが依然としてあなた，すなわち1人の人間であるのと同様，ヒゲを1本失ったシマコは依然としてシマコ，すなわち1頭のトラである．だが，ヒゲ(h_1)を失っていない状態のシマコをみて，そのヒゲを無視してシマコを考慮する，つまりシマコ $-h_1$ を考慮する場合はどうだろう．そういうシマコ $-h_1$ を1頭のトラだといえば，そのトラはシマコとは別物だといわねばならなくなってしまう，という議論はすでにみた．それを回避するには，シマコ $-h_1$ が1頭のトラだということを否定せねばならない．だが，1頭のトラでないならば，シマコ $-h_1$ は何なのか．ここで，リンゴとの比較が役に立つ．

木からもいだばかりで切られていない1個のリンゴの半分の部分を無視して，のこりの半分だけを考慮すれば，それは1個のリンゴだとはいえない．にもかかわらず，それはリンゴであることに変わりはない．1個のリンゴではないが，1個のリンゴの部分であるリンゴであ

る.それと類比的に,シマコ $-h_1$ は1頭のトラではないが,1頭のトラの部分であるトラだ,といえばいい.

　だが,そういったとしても,まだ不満足な点がのこるのではないだろうか.半分のリンゴが1個のリンゴではないというのはあきらかだが,シマコ $-h_1$ が1頭のトラではないというのは,それとおなじ程度にあきらかだとはいえない.シマコ $-h_1$ が1頭のトラではないという主張を支持する明確な基盤がほしい.さいわいなことに,そのような基盤はある.

　曖昧性の概念を使って,シマコは曖昧な個体であると主張すればいい.つまり,シマコが占めている空間は幾何学的にシャープに区切られた空間ではなく,曖昧な境界面をもつ空間だと主張するのである.そうすれば,シマコ $-h_1$ はシマコと同一の個体ではないという主張を正当化することができる.なぜなら,ヒゲ h_1 が占める空間にかんして,シマコ $-h_1$ がその空間を占めるか否かは曖昧ではない——すなわちシマコ $-h_1$ はその空間を占めていないということがあきらかである——のに対し,シマコがその空間を占めるか否かは曖昧なので,シマコ $-h_1$ はシマコではありえないからだ.そして,シマコ以外の1頭のトラはその辺にはいないので,シマコ $-h_1$ は1頭のトラではないということになる.

　リンゴやトラは自然界にある自然種だが,ここまでの考察は,そういう自然種でなくても十分あてはまる.たとえば,ドーナツは自然種ではないが,リンゴやトラについてとおなじようなことがいえる.ドーナツをかぞえるとき,わたしたちはその典型的な形状——ドーナツ形(トーラス)——に注意をはらう.揚げ立てのドーナツを半分に切れば,それが水平に半分にする切り方だろうが垂直に半分にする切り方

だろうが，ドーナツが2個できるわけではない．半分のドーナツが2つできるだけである．半分のドーナツがドーナツ1個分あることになる，といってもいい．

それとちがって典型的なドーナツ形が保たれているかぎり，ドーナツが1個分あるだけでなく，1個のドーナツがあるのである．1個のリンゴの皮のごく小さな部分をとり除いても1個のリンゴがのこるように，また1頭のトラのヒゲを1本とり除いても1頭のトラがのこるように，1個のドーナツのごく小さな部分をとり除いても1個のドーナツはのこる．リンゴやトラとおなじように，ドーナツは曖昧な個体で，曖昧な境界面をもつその典型的な形状がかぞえるという行為を可能にするのである．

4 「もの」はかぞえられない

1着のセーターを身頃，左袖，右袖に分ければ，3つのものができるが，分けられた3つのものはいずれもセーターではない．1着のセーターにはセーター性（セーターという性質）があるが，セーターの身頃——または左袖または右袖——にはセーター性がない．セーターをかぞえるということは，セーター性をもつ個体をかぞえるということだ．セーター性がないからといって身頃や袖はかぞえられない，ということにはもちろんならない．身頃性や袖性をもつ個体をかぞえることは簡単にできる．ただ，それは身頃や袖をかぞえるということであって，セーターをかぞえるということではないのである．

セーターが1着テーブル上にあるとき，「テーブルの上に，ものがいくつありますか」という問いに一義的に答えることはできない．

「もの」という概念が広すぎるからである．セーターはものだが，身頃もものだし，袖もものである．さらにいえば，毛糸の繊維，その繊維を形成する分子，そしてその分子を構成する原子もものである．そうした諸々のものがテーブル上にあるので，いかなる種類のものの数が問われているか明確でないと，一義的な答えはあたえられない．セーターが1着ある所には，袖が2つあり，毛糸の繊維が何百万本とあり，繊維を形成する分子がさらに多数ある．かぞえるということは，ある特定の種類のものをかぞえるということであって，種類に相対化せずにただ単に「もの」をかぞえるということは意味をなさない．

　ここまでは，リンゴとかトラとかセーターなど，たまたま日本語の単語一言であらわせるものを個体の種類の例として使ってきたが，かぞえるのに必要な種類は，かならずしも日本語の単語1つで表現できなくてもいい．あたえられた種類を制限した結果も種類である．たとえば，「あなたの部屋にあるペン」(「ペン」という種類を「あなたの部屋にある」で制限した結果)や「二葉亭四迷がその生涯に出会った人」(「人」という種類を「二葉亭四迷がその生涯に出会った」で制限した結果)なども個体の種類である．また，種類をあらわす言葉の連言や選言も種類をあらわす(真理関数としての連言と選言については『「論理」を分析する』第3章4-5節参照)．「リンゴ」と「黄色い果物」という2つの種類の連言は「リンゴかつ黄色い果物」すなわち「黄色いリンゴ」という種類であり，「リンゴ」と「ミカン」という2つの種類の選言は「リンゴまたはミカン」という種類である．これらは，すべて，背景と対比される典型的な形をもつという特性を失っていないので，かぞえるのに使える．「黄色いリンゴが3個ある」とか「リンゴとミカンが合わせて9個ある」などは，ごく普通にいうことである．

「1つある」は,「1つの…がある」または「…が1つある」という意味に解釈してはじめて,真偽を問える命題として理解できるのである(「…」の箇所には,適切な名詞や名詞句が入る).これは,もちろん「1つもない」にもあてはまるし,かぞえた結果を表現する文すべてにあてはまる.つまり,任意の自然数nについて,「n個ある」という文は「n個の何々がある」または「何々がn個ある」という意味に解釈しなければ,真偽を問える命題として理解することはできないということである.

これは自然数論の哲学的分析にとって重要な洞察である.なぜなら,自然数とは何かという問いへのある特定の答えを示唆するからだ.章を新たにして,その答えをみることにしよう.

第 2 章
自然数という個体

ものをかぞえるには「もの」という広すぎる概念は役立たずだといったが，「もの」より狭い概念ならば何でもいいというわけではない．たとえば「テーブルの上の赤いもの」は「もの」よりはるかに狭い概念だが，かぞえるには役に立たない．「テーブルの上に赤いものはいくつありますか」という問いに一義的な答えはない．セーター，袖，毛糸の繊維など複数の種類のものが赤いからである．では，どういう概念が，かぞえるのに役立つ「広すぎない」概念なのだろうか．

　それは「分子」をもつ種類をあらわす概念だ，といえば「ワイン」という概念がかぞえるのに役立たないということは説明できるが，「リンゴ」という概念がかぞえるのに役立つ概念だということが説明できない．また，水には分子があるが，だからといって水を「1つ，2つ」とかぞえることはできない，ということも説明できない（水をかぞえるということは水の分子をかぞえるということとおなじではない，ということを思い出そう）．

　前章での考察からあきらかなように，かぞえるのに役立つ概念は，自然にであれ人工的にであれ，何らかのメカニズムで作られる典型的な形状をもつ種類をあらわす概念なのである．テーブルの上の赤いものすべてに共通する典型的な形などない．よって「テーブルの上に赤いものはいくつありますか」という問いかけに答えはない．この章では，かぞえるのに役立つ，典型的な形状をもつ種類をあらわす概念に焦点をしぼって話をすすめるので，「概念」といったとき，そうでない概念は意図されていないということを心に留めておこう．

1 方向という個体

　京都市の地下鉄には，烏丸線と東西線という2本の路線があり，大まかにいって，烏丸線は南北方向に走り，東西線は東西方向に走っている．つまり，烏丸線が走る方向と東西線が走る方向は，垂直に交わる別々の方向である．ということは，垂直に交わる2つの方向があって，その1つが烏丸線の方向であり，もう1つが東西線の方向だということだ．もちろん2つの路線は幾何学的に厳密な意味での直線上を走っているわけではないが，ここでは理想化して，垂直に交わる幾何学的に厳密な意味での直線上を走っているという仮定のもとに話をすすめよう．

　前の段落で述べられているのは，二重の存在命題である．これこれのものが2つある（存在する）といっているのである．その2つのものとは何か．方向にほかならない．まったく普通に理解可能な上の段落において普通に真だと断定される存在命題によると，京都市に存在するもののなかに「方向」なるものが（すくなくとも）2つあり，その2つのものは垂直関係にある，というわけだ．京都市に神社仏閣というものがあるといわれても何の懐疑心もおこらないが，方向というものがあるといわれれば首をかしげたくなるかもしれない．個体としての神社仏閣に特に違和感はないが，個体としての方向は理解不可能だといいたくなるかもしれない．

　方向が神社仏閣や地下鉄車両のような物体（物理的実体）ではないということはいうまでもない．しかしだからといって，方向が個体ではない，あるいは存在物ではないということにはならない．そう断定す

るのは物体偏重主義であり，物体ではないものに対する単なる偏見だといわねばならない．とはいえ，存在する個体としての方向がミステリアスなものだということは否定できないので，方向を存在する個体として受け入れるためには，実質的な理論的基盤がほしい．じつは「集合」という概念からはじめれば，そのような基盤を作ることができるのである．

　烏丸線と東西線の存在を疑う京都人はいない（利用するかどうかは別である）．問題の2つの方向は，この2つの路線の方向として認識されている．これは重要である．なぜなら，疑う余地のない存在する個体としての2つの路線からはじめて集合論だけを使って構築されるものは，疑う余地のない存在する個体だろうからである．集合論そのものが存在論的に疑う余地のない理論だということが前提されているのはもちろんだが，それについては第9章で別に論じるので，ここではその前提にもとづいて自由に話をすすめることにしよう．

2　同値類

　烏丸通は烏丸線に平行である．その他にも，河原町通，東大路通など，烏丸線に平行な通りはいくつもある（烏丸線と同様，これらの通りも幾何学的に厳密な直線だと仮定している）．烏丸線に平行な通りをメンバーとする集合を K と呼ぶことにしよう．すなわち，烏丸線と「平行である」という関係にある通りを集めてできた集合が K なのである．K のメンバーはすべておなじ方向を向いている．すなわち，烏丸線の方向である．烏丸線という個体からはじめて，「平行である」という関係にもとづいて作った集合が，方向をおなじくする個

体をメンバーにする集合だということだ．これを逆手にとって，この集合そのものが烏丸線の方向にほかならない，と主張しようというのが目下の提案なのである．

Kという集合を，烏丸線と平行関係から生成された「同値類」という．これにもとづいて，烏丸線の方向をつぎのように定義する．すなわち，烏丸線の方向とは，烏丸線と平行関係から生成された同値類Kである．同様に東西線の方向は，東西線と平行関係から生成された同値類として定義できる．その同値類をTと呼べば，Tは四条通や御池通や今出川通など，東西線に平行な通りをメンバーとする集合である．

一般に，特定の直線Lの方向は，Lと平行関係から生成された同値類として定義できる．その集合のメンバーはすべて，Lと平行であり，かつ，お互いに平行でもある．なので，その集合はLの方向であるのみならず，その集合の任意のメンバーの方向でもある．Kは烏丸線の方向であるのみならず，烏丸通や河原町通や東大路通の方向でもあり，Tは東西線の方向であるのみならず，四条通や御池通や今出川通の方向でもあるというわけだ．

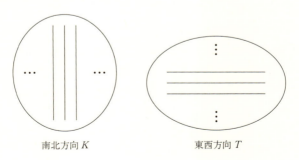

南北方向K　　　　　東西方向T

さらに一般化すれば，方向にかぎらず，あたえられた個体と，その個体にかかわる適切な関係を使えば，その個体を特徴づけるものを同値類として個体化することができる．たとえば，あなたという個体と「おなじ背の高さである」という関係から生成される同値類を，あなたがもつ特定の身長として個体化することができるし，わたしという個体と「おなじ重さである」という関係から生成される同値類を，わたしがもつ特定の体重として個体化できる．集合が個体であるかぎり，方向や身長や体重も個体とみなせるということなのである．

3　1対1対応

さて，いよいよ，これを自然数にあてはめるときがきた．烏丸線が特定の方向をもつように，「テーブルの上のリンゴ」という概念は特定の自然数をもつ．テーブルの上にリンゴが2個あるとすれば，「テーブルの上のリンゴ」という概念は2という自然数をもつ．烏丸線がもつ方向が平行関係にもとづいて生成される同値類とみなせるように，その概念がもつ自然数は，何らかの適切な関係にもとづいて生成される同値類とみなせる．そして，その適切な関係とは，「1対1対応」という関係である．

　1対1対応関係を定義するにあたって，自然数の概念を使うのは許されない．自然数を定義するために1対1対応関係を使おうという目論見なので，自然数の概念を使って1対1対応関係を定義すると，悪循環を引きおこしてしまうからである．さいわいなことに，「対応」という概念と，「いかなる」や「ならば」や「ある」や「おなじ」や「ない」といった論理概念があれば，悪循環的でない定義ができる．

任意の2つの集合を S_1 と S_2 とすれば，S_1 と S_2 のあいだに1対1対応関係が成り立つということは，(i)いかなる S_1 のメンバーについても，それに対応する S_2 のメンバーがあり，(ii)おなじ S_1 のメンバーに対応する S_2 のメンバーはおなじであり，(iii)いかなる S_2 のメンバーについても，それに対応する S_1 のメンバーがあり，(iv)おなじ S_2 のメンバーに対応する S_1 のメンバーはおなじだ，ということである．定義される集合間の1対1対応関係を「⇔」という記号であらわし，定義に使うメンバー間の対応関係を「≈」という記号であらわし，「いかなる個体 x についても」という意味の記号「$\forall x$」を使えば，「$S_1 \Leftrightarrow S_2$」の定義はつぎのような論理式で書くことができる．

$\forall x \{x \in S_1 \rightarrow \exists y \, [y \in S_2 \, \& \, y \approx x \, \& \, \forall z ((z \in S_2 \, \& \, z \approx x)$
$\rightarrow z = y)]\} \, \&$
$\forall x \{x \in S_2 \rightarrow \exists y \, [y \in S_1 \, \& \, y \approx x \, \& \, \forall z ((z \in S_1 \, \& \, z \approx x)$
$\rightarrow z = y)]\}$

いかなる x についても，x が S_1 (S_2) のメンバーならば，S_2 (S_1) のメンバー y があり，その y は x に対応し，かつ，x に対応するいかなる S_2 (S_1) のメンバーも y である．

「テーブルの上のリンゴ」という概念がもつ自然数は，テーブルの上のリンゴをメンバーとする集合と1対1対応関係にある集合をメンバーとする同値類である．テーブルの上のリンゴの数は2なので，2という自然数はその同値類であるということだ．集合は個体だという前提のもとでの話なので，2は個体だということになるのである．

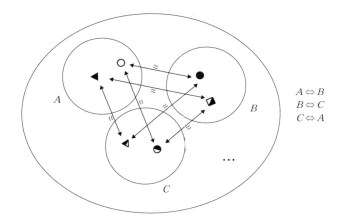

　集合Aと集合Bは1対1対応関係にあり，集合Bと集合C，そして集合Cと集合Aも同様に1対1対応関係にある．この3つの集合にくわえて，A, B, Cそれぞれと1対1対応関係にある集合すべてをメンバーとしてもつ集合（同値類）が大きな楕円であり，この同値類が自然数2にほかならないというわけだ．

　ここでまぎらわしいのは，同値類である集合を作るにあたって使う個体が，それ自体集合だということである．方向の場合，同値類を作るにあたって使う個体は地下鉄路線や通りだったし，身長や体重の場合は人間だった．それとちがって，ここでは最初から集合という物体でない個体からはじめるので，とまどう読者がいるかもしれない．だが，集合が（地下鉄路線や通りや人間が個体なのとおなじ意味で）個体だという前提にたてば，地下鉄路線や通りや人間からはじめて適切な関係にもとづいて同値類を作ることと，集合からはじめて適切な関係にもとづいて同値類を作ることのあいだに，わたしたちの目的にかん

がみて重要な相違はまったくないのである．

4 物体から離れた個体

　たまたまテーブルの上にリンゴが2個あったので，2という自然数を「テーブルの上のリンゴ」という概念がもつ自然数として定義できたが，テーブルの上にリンゴが2個なかったらどうしよう．2という自然数は定義できなくなってしまうのだろうか．それは，おかしい．テーブルの上に何かほかのもの——たとえばミカン——が2個あれば大丈夫だし，テーブル上に何もなくても，どこか別の場所にリンゴでもミカンでも何か別のものでも何かが2つありさえすれば，2の定義はできる．

　では，物理空間のどこかにじっさいに何かが2つなければ，2という自然数は定義できないのだろうか．同値類としての2は，じっさいに存在する物体の集合から(1対1対応にもとづいて)作り出されねばならないのだろうか．それもおかしな話だ．数学的個体としての2の存在が，宇宙の歴史にその存在を左右される物体の存在にゆだねられねばならない，というのは奇妙奇天烈である．もしそうならば自然数論の確実性と必然性が保証されないからだ（「保証されなくてもいい」という読者は，確実性と必然性があつかわれる第6章まで，その論点を棚上げしておいてほしい）．

　では，不確実性と偶然性に支配される物体からは独立の個体で，同値類生成に使えるものは何かあるだろうか．じつはある．あるにはあるのだが，少しばかり奇妙な個体である．何らかの集合だろうということは予想に難くないが，物体の集合ではもちろんない．物体以外の

偶然的存在者の集合でもない．それが何かをあきらかにするためには，集合の本質論からはじめる必要がある．

　集合は，メンバーが何かによってその本質が決まる．メンバーが何かということ以外に集合の本質はない，といってもよい．すなわち，任意の集合 S_1 と S_2 について，S_1 と S_2 が同一の集合（$S_1=S_2$）だということは，S_1 と S_2 がまったくおなじメンバーをもつということである．おなじことを別の言い方でいえば，S_1 のメンバーだが S_2 のメンバーではないようなものはなく，S_2 のメンバーだが S_1 のメンバーではないようなものもない，ということである．

　もし S_1 が明けの明星と太陽系最大の惑星をメンバーにもち，S_2 が宵の明星と木星をメンバーにもつ（かつ，S_1 にも S_2 にもそれ以外のメンバーはない）ならば，$S_1=S_2$ である．S_1 から明けの明星をとり去った結果 S_1' と，S_2 から宵の明星をとり去った結果 S_2' も同一の集合，$S_1'=S_2'$，であり，それは太陽系最大の惑星すなわち木星を唯一のメンバーとする集合（木星の「単集合」）である．

　さらに，S_1' から太陽系最大の惑星をとり除いた結果 S_1'' と，S_2' から木星をとり除いた結果 S_2'' も同一の集合，$S_1''=S_2''$ である．S_1'' のメンバーだが S_2'' のメンバーではないようなものはなく，かつ，S_2'' のメンバーだが S_1'' のメンバーではないようなものはない．これはもちろん，S_1'' も S_2'' もメンバーをもたないからいえることであるが，集合の同一性の定義に即していないわけではない．S_1'' と S_2'' は同一の集合，メンバーをもたない集合，すなわち「空集合」なのである．空集合を名指すのには「$\emptyset$」という記号を使うのが慣例である．$\emptyset$ は個体としては奇妙ではあるが，集合論の根本的な考え方と矛盾してはいない．すべての集合が個体であるという前提のもとでは，$\emptyset$ も立

派に集合論的個体だといえるのである.

　上では2つのメンバーをもつ集合からはじめ,メンバーをとり去ることで $\emptyset$ に到達したが,それ以外のやり方で $\emptyset$ に達することもできる.それは「$x \neq x$ であるような x」という概念からはじめるやり方である.自分自身と同一でないようなものはないので,この概念があてはまるようなもののみをメンバーとする集合は,メンバーがない集合,すなわち $\emptyset$ である.ただ,このやり方が有効であるためには,ある一般原理が受け入れられる必要がある.それは,

　　（CP）　すべての概念には,それに対応する集合,すなわち,その概念があてはまるものすべてをメンバーとし,それ以外のものはメンバーとしないような集合,がある

という原理だ(「CP」は「Comprehension Principle」の略で,「包括原理」という和訳がある).「$x \neq x$ であるような x」という概念は一見おかしな概念だが,この原理を受け入れるかぎり,それに対応する集合があることが保証される.この原理は,$\emptyset$ があるということを裏づけるだけでなく,概念に対応する集合にもとづいて1対1対応関係を使って作られる同値類としての自然数の理解に欠かせない原理でもある.なぜなら,この原理なくしては,任意の概念に対応する集合の存在が保証されないからだ.

　このようにいろいろと便利なのだが,じつは驚いたことに,この原理は不吉な原理として有名なのである.だがその話は第3章1節まで待つことにして,ここでは,この原理に裏づけられた $\emptyset$ の存在から自然数を定義するやり方をみることにしよう.

　宇宙にどんな物体があろうがなかろうが,宇宙の歴史がどう動こう

が動くまいが，自分自身と同一でないようなものはあるはずがないので，(CP)によって，「$x \neq x$であるようなx」という概念に対応する集合，$\emptyset$，はある．(CP)は集合論の原理なので，$\emptyset$の存在は，宇宙がじっさいにどうあるかにかかわらず，集合論的に保証される．そして，1対1対応関係は(経験的な概念を必要としない)純粋に論理的な関係なので，$\emptyset$と1対1対応にある集合をすべて集めた同値類は，集合論プラス論理のみによって，その存在があたえられる．なので，最小の自然数ゼロをその同値類として定義すれば，ゼロの存在が宇宙のじっさいのありようとは独立に確保される．これは，自然数論にとっては願ったり叶ったりである．つまり，その同値類を「a」と呼べば，0はaとして定義される，すなわち$0=a$だとするのである．

0はそれでいいかもしれないが，2はどうなのか．2個のリンゴの集合や2個のミカンの集合などからはじめなくてはならないとしたら，2の存在がリンゴやミカンなど数学的には偶然の産物の存在に依存することになってしまう．自然数論にとって，これはまずい．そこで，つぎのように2を定義するのである．

まず，ここまでで定義された自然数は0であり，それ以外の自然数はまだ定義されていない，すなわち，すでに定義されている自然数0は1つだという事実に注意をむける．そして，この事実を利用して1を定義する．直感的にいえば，「0である個体の数」として1を定義するのである．もっときちんといえば，つぎのようになる．(CP)により，「$x=0$であるようなx」という概念に対応する集合がある．その集合は0を唯一のメンバーとする集合(0の単集合)なので，その集合からはじめて1対1対応関係にもとづいて作られた同値類は，メンバーが1つだけある集合をすべてメンバーとする集合である．この同

値類を「β」と呼ぶ.そうすれば,1はβとして定義できる.つまり,$1=\beta$と定義できるのである.

これで,0と1が定義された.ということは,2つの自然数が定義されたということである.この事実を利用して2を定義する.直感的にいえば,「0または1であるような個体の数」として2を定義するのだが,もう少し正確にいうためには,先の場合と同様,まず(CP)によって「$x=0$または$x=1$であるようなx」という概念に対応する集合の存在が保証される,という所から出発しなければならない.そのようにして存在が保証される集合は0と1だけをメンバーとする集合なので,その集合からはじめて1対1対応関係にもとづいて作られた同値類は,メンバーが2つだけある集合すべてをメンバーとする集合である.そして,この同値類を「γ」と呼べば,2はγとして定義できる.つまり,$2=\gamma$と定義できるのである.

こうして,2個のリンゴや2個のミカンやそのほかの2個の物体がなくても,2の存在は集合論プラス論理のみによって保証されることになる.そして,もちろん,そのような存在保証は2で止まるわけではない.「$x=0$または$x=1$または$x=2$であるようなx」という概念に対応する集合からはじめて1対1対応関係にもとづいて作られる同値類を「δ」と呼べば,$3=\delta$という定義ができる.4以降も,まったく同様のパターンで定義可能である.

「これこれであるようなx」という概念に対応する集合と1対1対応関係にある集合をすべてメンバーとする同値類をカクカッコを使って[これこれであるようなx]とあらわすとすれば,このようにして定義された自然数はつぎのようにあらわせる.

$0 = [x \neq x]$　（∅ を唯一のメンバーとする集合）
$1 = [x=0]$　（メンバーが1つの集合すべてをメンバーとする集合）
$2 = [x=0\text{ または }x=1]$　（メンバーが2つの集合すべてをメンバーとする集合）
$3 = [x=0\text{ または }x=1\text{ または }x=2]$　（メンバーが3つの集合すべてをメンバーとする集合）

　　　．
　　　．
　　　．

（「メンバーが1つ」とか「2つ」とか「3つ」などの言葉が説明に使われているが，これらの定義は循環的ではないということを忘れてはならない．）

　このようにして定義された自然数は，自然数論が自然数に求める特徴をすべてもっている．たとえば，偶然的な宇宙のありように左右されない個体存在としての自然数の存在が確保される，ということはすでにみた．また，論理学と集合論だけで定義される自然数は，それ以外の概念を必要としないという概念的純粋さをもつ．自然数の本質は，論理学と集合論だけで完全にカバーされるということである．そして，論理学と集合論はともに経験科学ではないので，自然数論の知識は経験科学の知識からは独立だということにもなる．さらに，上のように自然数を定義すれば，「より大である」という関係や，足し算や掛け算などの操作もごく自然に定義することができ，自然数論の基本的な定理の証明が簡単にできるようになる．

　これで自然数論の確固たる基礎が哲学的に完全に満足のいく形であ

たえられた，めでたしめでたし，……というわけには残念ながらいかない．自然数をこのように定義しようというエレガントで高貴なくわだては，思いもよらぬ落とし穴にはまってしまうのである．

第 3 章
概念と集合

マリ，マリエ，マリコという三姉妹がいるとしよう．その三姉妹をメンバーとする集合を M とすれば，M のメンバーはすべて女性である．M は女性ではない．人間でさえない．よって，M は M のメンバーではない．つまり，M は自分自身のメンバーではないような集合である．

このような集合 M について何ら問題はないし，「自分が自分自身のメンバーではないような集合」という概念についても，何ら問題はない．この概念があてはまる集合は，M 以外にも，リンゴの集合，ミカンの集合，あなたとわたしの集合，ブラックホールの集合，等々，無数にある．しかし前章で出てきた(CP)をこの概念に適用すると，非常にまずいことになるのである．

1　ラッセルのパラドックス

改めて(CP)をここに書き出そう．

> (CP)　すべての概念には，それに対応する集合，すなわち，その概念があてはまるものすべてをメンバーとし，それ以外のものはメンバーとしないような集合，がある．

この原理によると，「自分が自分自身のメンバーではないような集合」という概念には，それに対応する集合がある．その集合を「R」と呼べば，任意の集合 x が R のメンバーであるための必要十分条件はつぎのようにあたえられる（「RM」で，「R」はイギリスの哲学者バートランド・ラッセルにちなんで「ラッセル的」，「M」は「メンバーシップ」，の意味）．

(RM)　xはxのメンバーではない.

　xは任意なので何でもいい. Rでもいい. ということは, RがRのメンバーであるための必要十分条件は, RはRのメンバーではないということだ. すなわち, RがRのメンバーならば, RはRのメンバーではなく, RがRのメンバーでなければ, RはRのメンバーである. だが, これはありえない.

　このありえない結論を「ラッセルのパラドックス」と呼ぶ. ラッセルのパラドックスを回避するためには, それに導く推論が仮定していることを再検討する必要がある. その推論には2つのカナメがあり, その1つは「自分自身のメンバーではないような集合」という概念だが, その概念そのものに非があるわけではない. それは内部的に矛盾する概念ではないのみならず, Mやそのほかの例がしめすように, それがあてはまる集合はザラに存在する. もう1つのカナメは, ほかならぬ(CP)であり, ラッセルのパラドックスを避けるにあたって責めるべき対象は(CP)以外にはないといわねばならない.

　そこで頭に浮かぶのが, (CP)の守備範囲の広さがパラドックスを招くのだ, という考えである. 「すべての概念」などというから「自分自身のメンバーではないような集合」という概念にも適用せざるをえなくなり, パラドキシカルな集合Rが生まれてしまうというわけだ. それならば守備範囲をせばめて, すべての概念ではなく, ある特定の条件をみたす概念だけにあてはまるように(CP)を定式化しなおせばいい. 問題は, どういう条件を課すかということである. 「自己言及をいかなる形でもふくまないような概念」とか, 「全体を前提にしなければ理解不可能であるような部分を想定することのない概念」

とか，候補はいくつかあるのだが，どれが一番いいのだろうか．
　「どれもおなじだ」という意見がある．どんなふうに(CP)を制限したとしても，結局(CP)の適用から外したいのは「自分自身のメンバーではないような集合」という概念にほかならないのだから，字面はどうでも，大義名分はどうあろうと，その概念を排除することができさえすれば細かいことはさして重要ではない，という意見である．これはもっともな意見なので，それにしたがってみよう．とすれば，そもそも(CP)にこだわらなくてもいいのではないだろうか．問題になる当の概念を避けて，集合について語りたいことが十分語れるならば，それでいいのではないか．「それでいい」という立場に立って，(CP)に頼らずに集合論を展開するやり方を，節を改めてみることにしよう．

2　レベルのヒエラルキー

　(CP)のように概念からはじめてその概念に対応する集合に到達しようとするのではなく，概念の仲介なしに直接集合に到達するやり方をとるのである．それには，まず集合でないものからはじめる．集合でないものは集合論的実体ではないので，集合論内での論争のもとにはならない．集合でないものとしていかなる種類のものをどれだけ認めるか，という問題は集合論を語る前に答えがあたえられるべきことなので，集合論の見地からはどういう答えがあたえられようが構わない．なので，ここでは特定の形而上学・存在論を仮定せず，まずリンゴやテーブルや恒星など無難な種類のものを無難な数だけ想定することからはじめよう．それらの，集合でないものを「レベル0の個体」と呼ぶことにする．原理的には，わたしたち各自が，集合でないかぎ

り何でも好きなものをこのレベルにおける個体として想定することができる．何も想定しないという選択肢ももちろんある．

つぎに，レベル 0 の個体のいくつかをメンバーとする集合を「レベル 1 の個体」と呼ぶ．たとえば，あなたとわたしをメンバーとする集合 (A) や，現時点で長野県にあるアンズの集合 (B)，また太陽系内の鉄原子の集合 (C) などはレベル 1 の個体である．レベル 0 の個体をゼロ個メンバーとする集合，すなわち空集合 $\emptyset$ もレベル 1 の個体とみなす．レベル 1 の個体はすべて集合であるのみならず，(メンバーをもつならば) そのメンバーはすべてレベル 0 の個体なのである．

地球と集合 A を 2 つのメンバーとする集合 (D) は，レベル 1 の個体ではない．地球はレベル 0 の個体だが，A は集合なのでレベル 0 の個体ではないからだ．D は，レベル 0 の個体 (地球) とレベル 1 の個体 (A) をメンバーとする，レベル 2 の個体である．レベル 2 の個体はすべて，すくなくとも 1 つのメンバーがレベル 1 の個体であり，レベル 1 の個体以外のメンバーがあれば，それらは全部レベル 0 の個体であるような集合である．なので，A のみを唯一のメンバーとする集合や，A と B をメンバーとする集合，また A, B, C の集合もレベル 2 の個体である．空集合 $\emptyset$ を唯一のメンバーとする集合や，$\emptyset$ とエベレストとあなたのお気に入りのペンをメンバーとする集合もレベル 2 の個体である．

同様に，すくなくとも 1 つのメンバーがレベル 2 の個体であり，レベル 2 の個体以外のメンバーがあれば，それらは全部レベル 1 かレベル 0 の個体であるような集合がレベル 3 の個体，すくなくとも 1 つのメンバーがレベル 3 の個体であり，レベル 3 の個体以外のメンバーがあれば，それらは全部レベル 2 かレベル 1 かレベル 0 の個体であるよ

うな集合がレベル4の個体，等々となる．レベルの上限（最高のレベル）はない．

レベル2	$D=\{$地球, $A\}$, $\{\varnothing\}$, $\{\varnothing$, エベレスト, あなたのお気に入りのペン$\}$, ...
レベル1	$A=\{$あなた, わたし$\}$, $B=\{$アンズ$_1$, アンズ$_2$, ...$\}$, $C=\{$鉄原子$_1$, 鉄原子$_2$, ...$\}$, $\varnothing$, ...
レベル0	あなた，わたし，長野県のアンズ，太陽系内の鉄原子，地球，エベレスト，あなたのお気に入りのペン，...

このレベルのヒエラルキー構造によると，集合は集合でない個体からレベルごとに段階的に構築されていくといっていい．すべての集合は，レベル1かそれより上のレベルに属する．そして，自分とおなじレベルあるいは自分より上のレベルの個体をメンバーとする集合はない．メンバー関係は例外なく下から上への方向性をもち，上から下の方向で成り立つことはないし，おなじレベル内において（水平方向で）成り立つこともない．

このヒエラルキー構造に，ラッセルのパラドックスを生み出す集合Rの居場所はない．「RがRのメンバーでなければ，RはRのメンバーである」という命題が真であるような集合Rは，どのレベルにもないのである．いかなる集合も，それ自身のメンバーではなく，「自身のメンバーでないならば，自身のメンバーである」という仮言の条件をみたす集合はどこにもない．こうして，ラッセルのパラドックスは回避される．

第 4 章
集合としての自然数

集合を概念から解き放ち，第3章2節のヒエラルキーにしたがって，集合でない個体からレベルごとに順序よく生成される個体として把握すれば，第2章4節でみた自然数の定義を，ラッセルのパラドックスを生まない無矛盾な基盤の上に打ち立てることができる．では，これで，自然数は満足のいく形で定義されたといっていいのだろうか．残念ながら，そうはいかない．第2章4節での自然数の定義が唯一の自然数の定義ではないからである．おなじくらい満足のいく別の定義があるのである．この別の定義によると，たとえば1という自然数は先の定義によるものとは別の個体として定義される．1という自然数が2つあるということは受け入れがたいので，それら別個の定義が同程度に満足のいくものであり，どちらかいっぽうだけを選ぶ理由がなければ，どちらの定義も拒否するほかに手立てがない．

　この章での話を読みやすくするために，集合をあらわすのに前章の終わりの図に出てきたナミカッコを使うことにする．Sという集合がaとbというメンバーをもつ集合だとすれば，$S=\{a,b\}$と表示するのである．たとえば，$S=\{$あなた，わたし$\}$と表示される集合Sは，あなたとわたしをメンバーとする集合である．この表示法の利点は，表示したい集合を，そのメンバーをリストアップすることによって端的かつ正確に表示できるということだ．「あなたとわたしをメンバーとする集合」という表示は，あなたとわたしをメンバーとし，ほかの個体はメンバーとしない集合を指すのか，それとも，ほかにもメンバーがいる集合を指すのかが定かではない．それに対し，ナミカッコを使って$\{$あなた，わたし$\}$と書けば，あなたとわたし以外のメンバーはないということが一目瞭然である．なので，この表示法を駆使して話をすすめることにしよう．

1 ありすぎる定義

　先の自然数の定義における0の定義を，そのまま受け入れたとする．すなわち，0を

　　$0 = [x \neq x]$　　（∅ を唯一のメンバーとする集合）

と定義したとする．ナミカッコを使って書けば

　　$0 = \{\emptyset\}$

となる．この0の定義にもとづいて，1はつぎのように定義された．

　　$1 = [x = 0]$　　（単集合——メンバーが1つの集合——すべてをメ
　　　　　　　　　　ンバーとする集合）

　単集合は多すぎて，それらすべてをメンバーとするこの集合はナミカッコで表示できない．だが，ナミカッコで表示できる別の集合 {0} を1の定義にしたらどうか．すなわち，

　　$1 = \{0\}$

と1を定義したらどうか．0は既に {∅} として定義されているので，これは

　　$1 = \{\{\emptyset\}\}$

という定義である．この定義は先の定義とあきらかにちがう．これによると1はただ1つの個体をメンバーとする集合だが，先の定義によ

ると1は宇宙にある原子の数よりはるかに多い個体をメンバーとする集合である．1が，2つのまったく別々の個体として定義されている．両方がともに1の正しい定義であるはずがない．

1を{{∅}}と定義すれば，2や3やその他の自然数も同様に新しく定義されなければ，1との自然数論的関係が維持できなくなるのはいうまでもないが，つぎのように新しく定義すれば問題ない．

  2 = {0, 1}   2 = {{∅}, {{∅}}}
  3 = {0, 1, 2}   3 = {{∅}, {{∅}}, {{∅}, {{∅}}}}
   ・   つまり，   ・
   ・   ・
   ・   ・

というわけである．これを先の定義(38ページ)とくらべれば，そのちがいは歴然としている．

  2 = [x=0 または x=1]
   （メンバーが2つの集合すべてをメンバーとする集合）
  3 = [x=0 または x=1 または x=2]
   （メンバーが3つの集合すべてをメンバーとする集合）
   ・
   ・
   ・

1の場合と同様，先の定義によると2も3も非常に多数のメンバーをもつ集合だが，新しい定義によると，2のメンバーは2つ，3のメンバーは3つのみである．まったく別個の集合なのだ．

自然数の定義と，自然数の性質や自然数のあいだの関係などの定義をひとまとめにして「自然数体系の定義」と呼べば，先の自然数の定義をふくむ自然数体系の定義と，ここでの新しい自然数体系の定義はあきらかに別個の定義だが，どちらもおなじように自然数論的には満足のいく定義である．すなわち，どちらの定義をとっても，自然数論の公理は表示できるし，自然数論の定理も証明可能である．よって，どちらか片方が受け入れられるならば，もういっぽうも受け入れられるに値する．片方だけを受け入れる自然数論的理由はない．だが，両方を受け入れるということは，1が2つある，2が2つある，3が2つある，等々ということを受け入れるということにならざるをえない．ゆえに，どちらも受け入れられないのである．

　さらにひどいことに，自然数論的に同等に満足のいく自然数体系の定義は，この2つで終わらない．0を集合の集合と定義する必然性はないので，$\{\emptyset\}$ ではなく $\emptyset$ と定義すれば，0もふくめて自然数すべてをつぎのように定義しなおすことができる．

$0 = \emptyset$		$0 = \emptyset$
$1 = \{0\}$		$1 = \{\emptyset\}$
$2 = \{0, 1\}$	つまり，	$2 = \{\emptyset, \{\emptyset\}\}$
$3 = \{0, 1, 2\}$		$3 = \{\emptyset, \{\emptyset\}, \{\emptyset, \{\emptyset\}\}\}$
・		・
・		・
・		・

となり，先の定義とも上の新しい定義ともことなる定義がえられる．さらに別の定義もある．たとえば，

$$0 = \emptyset$$
$$1 = \{0\}$$
$$2 = \{1\} \quad \text{つまり,}$$
$$3 = \{2\}$$
$$\cdot$$
$$\cdot$$
$$\cdot$$

$$0 = \emptyset$$
$$1 = \{\emptyset\}$$
$$2 = \{\{\emptyset\}\}$$
$$3 = \{\{\{\emptyset\}\}\}$$
$$\cdot$$
$$\cdot$$
$$\cdot$$

　この定義は，それに先立つ諸定義のいずれともことなる．このほかにもさらに別の定義をしようと思えば，いくらでもできる．というわけで，ここまでの検討では，「自然数は，いかなる個体か」という問いに対する一義的な答えは出ない．それはラッセルのパラドックスが邪魔をしているからではない，ということに注意しよう．矛盾がないやり方で自然数を定義することができないわけではない．そうではなく，逆に無矛盾の定義がありすぎるのが問題なのだ．

　では，どうすればいいのだろう．「非は集合論にあり」とする考えに沿うのが1つの対処の仕方である．集合論そのものを拒否するのではかならずしもない．自然数の定義に直接使うのをやめるだけである．つまり，自然数とは集合だという考えを捨てるのである．自然数が集合論的個体でないならば，一体いかなる種類の個体なのだろうか．

2　わたしたちが作る自然数

　集合は，もし本当に存在するならば，わたしたちとは独立に存在する個体である．自然数をそのような独立存在者と同一視するのとは対

比的に，自然数はわたしたちによって作られる個体だという意見がある．もちろん作るといっても，帽子や自転車のように物理的な意味で作るということではない．川柳や法律のように，物理的にではないにしても意図的に作るということでもない．一般にわたしたちがリアリティーを理解するにあたって，背景として自動的に設けねばならない心の構造の一部として仮定せざるをえないのが数学的概念構造であり，その一環として自然数を個体として想定するというのだ．リアリティーに向き合う認識主体として，わたしたちは自然数を認識対象としてのリアリティーに投影せざるをえない．わたしたちは本質的にそういう主体なのだ，というわけである．そういう認識主体であるわたしたちがいなかったら自然数の存在はない，という意味で自然数はわたしたちが作っている，という意見である．この意見を，形而上学的に突っ込んで検討することはしない．その代わり，この意見から自然に誘導され，かつ自然数論に直接影響をあたえるポイントについて考えてみよう．

　この意見からごく自然に導きだされるのは，自然数の存在はわたしたちの自然数認識に決定的に拘束されるということである．つまり，わたしたちに個別的に識別されない自然数などない，ということだ．これを自然数から敷衍して数一般に適用してみよう．すると，「これこれの記述をみたす数がある」というたぐいの主張は，「これこれの記述」をみたす数がなければ不都合がおきるということをしめしても正当化はできない，ということになる．その不都合が矛盾の演繹だったとしてもである．ということは，数学者や論理学者や哲学者がよく使う背理法が使えないということである（背理法については『「論理」を分析する』第4章3節参照）．では，どうすればそのたぐいの主張が

正当化されるというのだろうか.

　じっさいに「これこれの記述」をみたす数を「構築」することが求められる．数学でいう構築とは，そういう数があるとしなければ矛盾がおきるという旨の存在証明をあたえるということ以上のことである．xの特定の関数について，その値が正であるようなxの値が存在し，その値が負であるようなxの値が存在し，かつその関数は連続関数だということが証明できても，その値がゼロであるようなxの値を構築したことにはならない．そのようなxの値を，たとえば「17」とか「πの4乗」などの，数論において標準的な個体指示子で指示することが求められる．

　あなたが水曜日午前3時に福岡にいて，おなじ日の午後11時に札幌にいたということをわたしが知っているとすれば，あなたがその水曜日の午前6時以降午後8時以前に福岡か札幌かあるいは福岡と札幌のあいだのどこかにいた，とわたしは結論できるだろうか．普通の状況だったらたぶんそういう結論は正当化できるだろうが，いかなる状況でもそういう結論が正当化できるとはかぎらない．たとえば，あなたは福岡から東に飛ぶ超音速ジェット機に乗って太平洋を横断，ロサンゼルス経由で大西洋さらにユーラシア大陸を越えて西から札幌へ到着していたのかもしれない．その可能性はうすいが，まったくないとはいい切れない．そういう可能性が排除できないという意味で，その水曜日の午前6時以降午後8時以前にあなたは福岡か札幌かあるいは福岡と札幌のあいだのどこかにいた，という結論は正当化されないのである（ロサンゼルスは福岡と札幌のあいだにある，といい張るヒネクレ者にはとりあわない）．その水曜日の午前11時に諏訪湖にいたとか，正午に白樺湖にいたとかいう具体的な事実が確認されてはじめて

正当化できる.

　自然数論において標準的な個体指示子で指示されるという意味で構築されないかぎり自然数の存在は認められない, ということの理由は, 具体的に何時にどこそこの場所にいたということが確認されなければ, あなたがその水曜日の午前6時以降午後8時以前に福岡か札幌かあるいは福岡と札幌のあいだのどこかにいた, という結論が正当化されない理由とおなじなのだろうか.

　いや, おなじではない. あなたの居所の例では, 当の時間にあなたが福岡 – 札幌間のどこにもいなかったという可能性があるということが重要な因子なのであって, あなた自身の存在そのものが問題になっているのではないが, 数の場合は, 当の数の存在そのものが問題になっているのである. あなたは, わたしが構築した個体ではない(とすくなくともあなたは主張するにちがいない). それとは対照的に, 数はわたしたちが構築してはじめて存在する個体である. すくなくとも, わたしたちは, わたしたちが構築できない数を存在する個体として認めてはならない. これが目下検討中の立場なので, 問題になっている数が何であるかにかんする結論と, あなたの居所についての結論を一緒くたにしてはいけないのである.「その数はπの4乗だ」を「あなたは正午に白樺湖にいた」と同等にあつかってはいけない. πの4乗として指示されてはじめてその数の存在が保証されるが, 正午に白樺湖にいてはじめてあなたの存在が保証されるわけではない.

　自然数をふくめて数一般の本質はわたしたちの認識主体としての活動に根ざすというこの立場は,「2＋3＝5」のような数論的知識の直接さ, 経験からの独立性, そして確実性の説明を容易なものにするという利点があるいっぽう, 数を人間に依存した存在者とし, 人間なしの

数論的真理を否定するという欠点をもつ．認識主体としてのわたしたちがどうあれ，数はそれとは独立に存在するのであり，数論的真理は独立に成り立っているのだ，という主張は，わたしたちが常識的に受け入れ日常生活で仮定しているだけでなく，数論の専門家の多くが支持する主張である．数論的真理はわたしたちが作り上げるものではなく発見するものだ，という態度は，日常生活においても数論研究においても簡単に払拭できそうにない．

　数は，集合論的個体でも「構築された」個体でもない，それどころか，いかなる個体でもない，という意見がある．その意見を擁護するには2通りの大きくちがったやり方があるのだが，そのうち1つは次章で検討することにして，本章では，もう1つのほうを節を新たにして検討しよう．

3 　自然数論に自然数はいらない

　自然数はいかなる個体でもないという意見を支持する1つのやり方は，自然数の存在を否定することである．別のいい方をすれば，自然数を実体として認めないということである．もう少し注意深くいえば，自然数を何らかの存在者あるいは実体として受け入れなくても自然数論をすることはできる，と主張することである．これは一見あきらかに馬鹿げた主張のように思われるかもしれない．自然数論が自然数についての理論でなくて何であろう．自然数論的真理が自然数についての真理でなくて何であろう．何らかの実体としての自然数を想定することなく，自然数論を論じることがいかにしてできよう．このような問いかけに対して，つぎのような応答がある．

自然数がなくても，自然数字があればいいのだ．1, 2, 3, ... という自然数がなくても，「1」，「2」，「3」，... という数字があれば自然数論には十分なのだ．なぜなら，たとえ自然数にかんする真理なるものがあったとしても，自然数論は自然数にかんする真理を求める学問ではなく，記号の羅列を記号の羅列から論理的に導きだすという操作をする学問なのだから．その羅列される記号の1つの種類として数字があり，その他には「＋」や「√」などの関数記号や，「∀」や「¬」や「＝」などの論理記号がある．これらの記号は，何かを指ししめす表示記号としてではなく，特有な操作規則にしたがうただの形としてあつかわれる．そうした記号の羅列から記号の羅列を論理的に導きだす操作が，証明にほかならない．たとえば，普通に「2たす3は5だということを証明する」といわれる行為は，「2＋3＝5」という記号の羅列を，「自然数論の公理」と呼ばれるいくつかの記号の羅列から，演繹論理の推論ルールのみを使って導きだすという行為にほかならない．それは，ある特定の3つの数学的実体間にある特定の三項関係が成り立つという数学的真理を確証する，という行為ではなく，ある特定の記号の羅列群とある特定の記号の羅列のあいだに，ある特定の形式論理的関係が成り立つということを確証する行為である．簡単にいえば，自然数論における証明とは，セマンティックな主張とは何の関係もない，純粋にシンタクティックな操作の集まりにすぎない．これは，演繹論理における証明が，推論ルールによる純粋にシンタクティックな操作の集まりであることに対応する（論理的推論については『「論理」を分析する』の詳しい叙述を参照）．

自然数論の本質にかんするこの立場によると,「2＋3＝5」などの数式の意味は数学者がかかわることではなく,「2」,「3」,「5」という数字が何を指すのかという問いも数学者が答える必要はない.「＋」や「＝」などの記号がどんな関数や関係を指すのかという問いも,自然数論には無関係である. そもそも, じつは数字さえいらないのだ.「1」,「2」,「3」,「4」,「5」,... という数字の代わりに

　　　 |, ||, |||, ||||, |||||, ...

という縦線を使っても, 自然数論に何の悪影響もない.

　この立場をとれば, 数字と区別される実体としての自然数にかんする問題はすべて却下できるので,「自然数は集合だ」という意見を否定することができるのみならず, もっと一般的に,「自然数はこれこれの種類の個体だ」とか, さらに「自然数はこれこれの種類の実体だ」という意見をすべて否定できる. もちろん, これは,「自然数はこれこれの種類以外の個体だ」とか「自然数はこれこれの種類以外の実体だ」という意見を肯定するということではない. 自然数についての, そういう諸々の意見の基盤になる前提をしりぞけているのである. 自然数論とは記号の羅列を形式論理学的に操作する学問以外の何物でもない, というこの立場の根幹になる概念は,「記号の羅列の形式論理学的操作」という概念, すなわち「（演繹論理学的）証明」という概念であって, 自然数論的真理――わたしたちが普通に自然数にかんする事実とみなすこと――はすべて証明できる, という大前提に立ってのみこの立場は安泰である. ということは, 原理的に証明できない自然数論的真理がある, ということが論理的に証明されれば, この立場は崩れ去る.

原理的に証明できない自然数論的真理がある，という命題は，自然数論は「不完全」である，という言い方で表現されるが，じつは自然数論の不完全性は論理的に証明できてしまうのである．ということは，自然数論を純粋に形式的な証明論とする立場は維持できない，ということになる．では，自然数論の不完全性の証明はいかにしてなされるのだろうか．それは少々こみいっているので，第8章でくわしくみることにしよう．

そのまえに，いったん自然数とは何かという問いにもどって，自然数の概念を有意義な形で拡張することで話を広げるのがいいだろう．

第 5 章
基数と順序数

本書は，リンゴをかぞえるという行為の考察からはじめたが，それは自然数の一面に焦点をしぼることにすぎない．かぞえるという行為は，自然数を使ってわたしたちがする重要な行為にはちがいないが，自然数を使ってわたしたちにできるのは，それだけではない．もう1つ重要な行為がある．それは順序づけるという行為である．

　ナオコが1位でゴールし，ケンが2位でゴールしたとしよう．そういうとき，わたしたちはリンゴの数をかぞえるように何かの数をかぞえているわけではない．そうではなく，ゴール地点で競技者たちを順序づけているのである．何かの数をかぞえているならば，2という自然数は1という自然数より大きいという自然数のあいだのサイズの比較が重要だが，何かを順序づけている場合は，サイズの比較ではなく，2は1のつぎにくる自然数だという順番の比較が重要になる．

　もちろん，自然数のサイズ比較と順番比較のあいだには密接な関係がある．自然数一般の順序を語ることなしに自然数一般のサイズを語ることはできないし，後者を無視して前者だけを語っても自然数論としては不完全である．自然数のサイズ性と順序性のあいだには，切っても切りはなせない深い結びつきがあるのだ．

　自然数は，サイズに注目してあつかえば「基数」と呼ばれ，順序に注目してあつかえば「順序数」と呼ばれる．エリザベスを，ヘンリーを親とする女性としてみれば「娘」と呼ぶことができ，国を統治する女性とみれば「女王」と呼ぶことができるのと似ている．ヘンリーの娘であるエリザベスがいて，それとは別に国の女王であるエリザベスがいるわけではない．前者は後者と同一人物である．1人の人物であるエリザベスが，娘として生まれてきた人間であり，かつ女王として統治する人間なのである．同様に，基数2があって，それとは別に順

序数 2 があるわけではない．両者はおなじ自然数である．1 つの自然数 2 が，カモシカ 1 頭がもつ角の数の集合のサイズをしめす自然数であり，かつケンがゴールした順位をしめす自然数でもあるのだ（集合のサイズはその集合の「濃度」と呼ばれることもある）．

1 メンバーの順序づけ

　基数概念の礎は「1 対 1 対応」という集合間の二項関係だが，順序数概念の礎は「順序集合」というアイデアである．順序集合とは，メンバー間に特殊な種類の二項関係があるような集合のことである．諸々のメンバーをただ単に集めた集合は順序集合ではない．しかし，諸々のメンバーをただ単に集めた集合とは別に，特別なやり方で集められた「順序集合」なる特別な種類の集合があるわけではない．順序集合とは，諸々のメンバーをただ単に集めた集合と，その集められたメンバーのあいだに成り立つ特定の二項関係をいっしょにしたものをいうのである．特別な種類の集合ではなく，ごく普通の種類の集合と二項関係のペアにすぎない．

　たとえば，{ナオコ，ケン，ユキ，レイコ，エリ，ユウコ} という集合があり，その 6 人のメンバーをゴールした順番に並べれば，

　　ナオコ
　　ユウコ，ケン
　　ユキ
　　レイコ
　　エリ

となったとする．ナオコは誰よりも先にゴールし，ユウコとケンは同着でナオコに続き，そのあとユキ，レイコ，エリの順番でゴールしたというわけだ．「x は y と同着か，または y より先にゴールした」という関係を「$x \leq y$」という記号であらわせば，6人は

  ナオコ ≤ ユウコ，ケン ≤ ユキ ≤ レイコ ≤ エリ

という関係にある．また，ユウコとケンは同着なので，

  ユウコ ≤ ケン　かつ　ケン ≤ ユウコ

だし，誰もが自分自身と同着なので，

 ナオコ ≤ ナオコ
 ユウコ ≤ ユウコ
 ケン ≤ ケン
 ユキ ≤ ユキ
 レイコ ≤ レイコ
 エリ ≤ エリ

でもある．さらに，x が y と同着か，x が y より先にゴールした人と同着かその人より先にゴールしたならば，x は y と同着かそれより先にゴールしているので，

 ナオコ ≤ ユキ，レイコ，エリ
 ユウコ ≤ ユキ，レイコ，エリ
 ケン ≤ ユキ，レイコ，エリ
 ユキ ≤ レイコ，エリ

レイコ ≤ エリ

だということもあきらかである．この6人のメンバーをこのような ≤ という二項関係で関係づけた集合（6人の集合と二項関係 ≤ のペア）を順序集合というのである．

　おなじ6人の集合について別の二項関係をもち出すこともできる．たとえば，≤ から「同着」を除いた < という関係を使ったとすれば，6人はつぎのように順序づけられる．

　　ナオコ < ユウコ，ケン < ユキ < レイコ < エリ

　この場合，ユウコとケンは同着なので < で順序づけることはできない．すなわち，

　　ユウコ ≮ ケン　かつ　ケン ≮ ユウコ

である．また，誰も自分自身より先着することはないので，

　　ナオコ ≮ ナオコ
　　ユウコ ≮ ユウコ
　　ケン ≮ ケン
　　ユキ ≮ ユキ
　　レイコ ≮ レイコ
　　エリ ≮ エリ

でもある．さらに，先着者より先着した人は先着者なので，≤ の場合と同様に次が成り立つ．

ナオコ ＜ ユキ，レイコ，エリ
　　ユウコ ＜ ユキ，レイコ，エリ
　　ケン　 ＜ ユキ，レイコ，エリ
　　ユキ　 ＜ レイコ，エリ
　　レイコ ＜ エリ

　順序集合を作るためにメンバー間に成立する関係は，二項関係ならば何でもいいというわけではない．たとえば「好きだ」という二項関係はダメである．x が y を好きで y が z を好きでも，x が z を好きだとはかぎらないので，きちんとした順序づけができないからだ．また，自分自身をふくめて誰も好きな人がいない，かつ，だれからも好かれていないようなメンバーがいれば，そのメンバーははずれてしまう．さらに，各々のメンバーには誰か好きなメンバーがいるが，おたがいに好きではないようなメンバーのペアがあれば，これも順序づけとしては完璧ではない．そういう点で「好きだ」に類似する二項関係を排除するために，あたえられた集合を順序集合にするための二項関係 R は，その集合のいかなるメンバー x, y, z についても，つぎのような条件をみたさなければならないとしよう．

　　xRy かつ yRz ならば，xRz である．
　　xRy または，yRx である．

　この2番目の条件は任意の x と y に適用されるので，$y=x$ であるような y にも適用される．すなわち，xRx または xRx だということになる．これはあきらかに xRx だということと同値なので，自分自身をふくめて誰も好きな人がいないようなメンバーは排除される．

6人のあいだの二項関係 ≤ は，この2つの条件を両方ともみたす（複数の人が同着することがあるし，だれも自分より先着しないので，< は2番目の条件をみたさない）．そればかりではない．

　すべての y が xRy であるような，そういうメンバー x がある

という条件もみたしている．さらに，そのようなメンバー x は，たった1人しかいない，すなわちナオコである（ナオコは順序数0に対応するわけだ）．このような条件をすべてみたす二項関係 R にもとづく順序集合は，理路整然と順序数を語る枠組みをあたえてくれる．

　ただ，6人のメンバーをもつこの順序集合の例における ≤ には，自然数を順序数として論じるたとえとしては不都合な点が1つある．それは，ユウコとケンが同着だということである．すなわち，ユウコ ≤ ケンかつケン ≤ ユウコでありながら，ユウコ ≠ ケンだということである．同着の人が複数いるということに対応する状況は，順序数にはありえないので，

　xRy かつ yRx ならば，$x=y$ である

というさらなる条件を R に課す必要があるのだ．そうすれば，ことなる順序数がおなじ順位を占めるという状況が排除される．

　2つめの関係 < についていえば，x が y より先着でかつ y が x より先着ということはないので，この条件の前件（「ならば」までの部分）が真であることはない．よって，< はこの条件をみたす（これに疑問をいだく読者は『「論理」を分析する』第3章7節の実質仮言の説明を参照）．

　さて，いよいよ，自然数の集合を順序集合とみなすことによって順

序数を語るときがきた．基数とちがって順序数にはサイズはどうでも
いいので，特定のサイズの集合（たとえば空集合）からはじめる必要は
ない．実体としての自然数の内在的な本質にかかわらない約束ごとで
ある「公理」からはじめよう．

2　デーデキント・ペアーノ公理

　自然数論にかぎらず，数学で「これこれである」ということを証明
するとき，証明の対象である「これこれである」という命題を「定
理」と呼ぶが，定理は何もないところから証明されるわけではない．
確固とした出発点からはじめなければ，いかに論理的に完璧な推論ル
ールを使って導き出したとしても，定理とはいえない．その確固とし
た出発点となるのが公理である．公理を前提とし，健全な推論ルール
を使って論理的に演繹した結果として出した結論が定理なのである
（推論ルールが「健全だ」とはどういうことかについては『「論理」を分
析する』第4章3節参照）．

　つぎの5つの命題が，「デーデキント・ペアーノ公理」と呼ばれる
自然数論の公理である（「デーデキント・ペアーノ」は1人の名前では
なく，リヒャート・デーデキントとジュセッペ・ペアーノの姓をなら
べたものであるが，デーデキントの名前を省略して単に「ペアーノ公
理」という人もいる）．

　　（A1）　0は自然数である．
　　（A2）　xが自然数ならば，$S(x)$も自然数である．
　　（A3）　xとyが自然数ならば，$x=y$の場合かつその場合にのみ

$S(x) = S(y)$ である.
(A4)　$S(x) = 0$ であるような自然数 x はない.
(A5)　0 が Φ で,かつ,任意の自然数 x について x が Φ なら $S(x)$ も Φ ならば,すべての自然数が Φ である.

(A1)は,特定の自然数を名指しで自然数だと規定している.いわば,自然数の領域がここからはじまるぞと宣言しているようなものである.そして,それに続く自然数が,あたかも 1 つ 1 つ順番に生まれてくるかのようにはからうのが,「後者関数」と呼ばれる関数 S の役目だといっていい.数字はシンタクティックな略号として導入される.

　「$S(0)$」を略して「1」と書く.つまり,$S(0) = 1$, すなわち,0 の後者は 1 である.
　「$S(1)$」を略して「2」と書く.つまり,$S(1) = 2$, すなわち,1 の後者は 2 である.
　「$S(2)$」を略して「3」と書く.つまり,$S(2) = 3$, すなわち,2 の後者は 3 である.
　　　・
　　　・
　　　・

(A4)により 0 はいかなる自然数の後者でもないが,(A3)により 0 以外の自然数には後者である自然数が 1 つだけある.あきらかに,デーデキント・ペアーノ公理は,自然数を順序数とみている.ここから自然数をいかにして基数とみなすことができるようになるのかは,つぎの 3 節であきらかにする.

ここで注意しておくが，後者関数を和の関数(足し算)にもとづいて解釈してはならない．つまり，$S(x)$ が $x+1$ として定義されていると思ってはいけないのだ．なぜなら，定義の方向はじつは逆なのだから．すなわち，和は，後者関数によってつぎのように定義されるのである．

$x+0 = x$
$x+S(y) = S(x+y)$

後者関数は，和によって定義されないのみならず，S についての公理(A2)〜(A4)をみたすべしという条件以外のいかなる条件にも拘束されない，未定義のオペレーションである．

ちなみに，和を定義する上の2つの公理と，積を定義するつぎの2つの公理を(A1)〜(A4)にくわえた公理系が，普通にいう基本的な自然数論ということになっている．

$x \cdot 0 = 0$
$x \cdot S(y) = (x \cdot y)+x$

ここで，第5番目の公理(A5)はどうしたのか，という疑問がわくかもしれない．もっともな疑問である．じつは，その公理は(A1)〜(A4)とは重要な意味で袂を分かつ公理なので，特別あつかいする必要があるのだ．(A5)の検討は8節まで待ってほしい．

「自然数とは何か」という問いへの答えを求めるわたしたちは，デーデキント・ペアーノ公理に，どのようなアプローチをすればいいのだろうか．実体としてすでに明確に把握している自然数の本質をまとめたのが公理(A1)〜(A4)である，という考えは捨てるべきである．その代わりに，公理(A1)〜(A4)をみたすものは何でも自然数とみな

すこととしよう，という立場をとればいい．そうすれば，第4章1節でみた，自然数の定義がいくつもできてしまうという状況にまどわされなくてすむ．形而上学的にもう少し繊細な言い方をすれば，公理(A1)〜(A4)をみたすすべての順序集合に共通するパターンにおける位置それ自体を自然数とみなせばいい．そのパターン内の各々の位置に特定の集合を配置した結果が，第4章1節にあった特定の定義だと考えればいいのである．たとえば，そこでの第3番目の定義を思い出そう．

$0 = \emptyset$
$1 = \{0\}$
$2 = \{0, 1\}$
$3 = \{0, 1, 2\}$
・
・
・

$\emptyset$ の後者を $\{\emptyset\}$ とし，その後者を $\{\emptyset, \{\emptyset\}\}$ とし，さらにその後者を $\{\emptyset, \{\emptyset\}, \{\emptyset, \{\emptyset\}\}\}$ とすれば，0の後者は1になり，1の後者は2になり，2の後者は3になる．3およびそれ以降もおなじように適切な自然数を後者にもつし，$\emptyset$ すなわち0については(A4)にしたがって，何者の後者でもないと宣言すればいい．第4章1節でみたそのほかの定義も，まったくおなじようにこのパターンに即している．たとえば，4番目の定義はこうだった．

$0 = \emptyset$

$1 = \{0\}$
$2 = \{1\}$
$3 = \{2\}$
　・
　・
　・

　この定義にかんがみて，∅ の後者を {∅} とし，その後者を {{∅}} とし，さらにその後者を {{{∅}}} とすれば，0 の後者は 1 になり，1 の後者は 2 になり，2 の後者は 3 になる．先の定義とおなじく，3 およびそれ以降もおなじように適切な自然数を後者にもつし，(A4) にしたがって 0 は何者の後者でもないと宣言すればいいということに変わりはない．

　デーデキント・ペアーノ公理であたえられたパターンにそって考えれば自然数について考えることになるのだ，という理念にしたがえば，そのパターンを顕在化している定義ならどれでも使える．そのような特定の定義にもとづいてすすめられる自然数についての話は，必要とあらば，おなじパターンを顕在化する別の定義にもとづいた話に翻訳可能である．これをふまえて，先の定義，すなわち第 4 章 1 節でみた 3 番目の定義を，デーデキント・ペアーノ公理であたえられたパターンを顕在化する諸々の定義の代表としてあつかうことにしよう．

3　かぎりない無限

　自然数は無限個ある．これは，順序数としての自然数の定義からす

ぐわかるだろう.

　∅, {∅}, {∅, {∅}}, {∅, {∅, {∅}}}, ...

と続く系列に終わりはない.すなわち,

　0, {0}, {0, 1}, {0, 1, 2}, ...

と続く無限性が,自然数が無限個あるという自然数論的事実をささえているのだ.

　と主張したいところだが,じつはそう簡単にはいかない.自然数の系列がかぎりなく続くということと,自然数の個数が無限大だということはおなじことではない.前者は順序数としての自然数についての事実だが,後者は自然数の集合のサイズについての事実である.両者がどのように結びついているかは,自明だとはいえない.この結びつきを解きあかすために,まず順序数と集合のサイズの関係をあきらかにすることからはじめる.

　順序数 0 は空集合なので,メンバーの数は(基数)0 である.順序数 1 は 0 のみをメンバーとする集合なので,メンバーの数は(基数)1 である.順序数 2 は 0 と 1 のみをメンバーとする集合なので,メンバーの数は(基数)2 である.順序数 3 は 0 と 1 と 2 のみをメンバーとする集合なので,メンバーの数は(基数)3 である.一般に順序数 n は,0 からはじめて,n がその後者である自然数——すなわち $n = S(x)$ であるような x ——までをメンバーとする集合なので,メンバーの数は(基数)n である.ということは,いかなる順序数も,そのメンバーの数として基数なのである.つまり,いかなる順序数 n も,自身の集合としてのサイズが n を基数たらしめているのだ.別の言い方を

すれば，0から数えて何番目か（0はゼロ番目，1は1番目，2は2番目，3は3番目，等々）ということと，メンバーがいくつあるか（0はゼロ個，1は1個，2は2個，3は3個，等々）ということは完全に合致するのである．おなじ自然数が，その2つの問いの答えとして——前者の問いには順序数として，後者の問いには基数として——あたえられうるのである．

リンゴを「1個，2個，…」とかぞえるという行為は，リンゴと順序数を1対1に対応させるという行為である．「1対1」が大事だということはいうまでもない．多対1に対応させたらじっさいより少なくかぞえてしまうし，1対多に対応させたら，じっさいより多くかぞえてしまう．並べられたリンゴに順序数をあてがうとき，2つめのリンゴをさして「2」といい，そのつぎの3つめのリンゴをさしても「2」といったら，じっさいより小の答えが出てしまうし，2つめのリンゴをさして「2」といい，おなじリンゴをさして「3」といったら，じっさいより大の答えが出てしまう（ほかのリンゴについて，それを補う別のまちがいを犯さないかぎり）．

リンゴと順序数を1対1に対応させる行為が「17」という順序数で終わったとすれば，リンゴの数は17個である，すなわち，そのリンゴの集合のサイズは「17」という基数であたえられるわけだが，順序数17と基数17のこの関係がいかにして可能になるのかは，もはや，あきらかだろう．

それは，順序数17は集合であり，その集合のサイズが基数17であたえられるからである．つまり，当のリンゴの集合と順序数17という集合のあいだには1対1対応関係が成り立っているからなのである．リンゴの集合のメンバー各々に17という集合のメンバーが1つ対応

し，17という集合のメンバー各々にリンゴの集合のメンバーが1つ対応する．その対応関係に，重複も取り残されるメンバーもないということはいうまでもない．第2章3節で使った「≈」という記号でメンバー間の対応関係をあらわせば，つぎのようになる．

🍎	🍎	🍎	🍎	…	🍎
≈	≈	≈	≈		≈
0	{0}	{0, 1}	{0, 1, 2}	…	{0, 1, 2, …, 15}

　これを，順序数17のメンバーは17より小である順序数すべてだ，という事実とならべて考えると，おもしろいことになる．16までの順序数すべてをメンバーとする順序数17があり，それは16までの順序数のどれよりも順序が後である．おなじように，17までの順序数すべてをメンバーとする順序数18があり，それは17までの順序数のどれよりも順序が後である．これを一般化すると，

　　いかなる順序数xについても，xまでの順序数すべてをメンバーとする順序数があり，それはxまでの順序数のどれよりも順序が後である

となるが，順序数そのものが（目下の定義によると）定義上きちんと並べられた順序数の集合なので，

　　0から定義上きちんと並べられた順序数のいかなる集合についても，そのつぎに並べられる順序数がある

ともいえる．これを，有限の順序数すべてをメンバーとする集合にあてはめてみよう．すると，

0, 1, 2, 3, 4, … ; ω

であるような順序数 ω(オメガ)があるということになる．0 からはじめて，順序数を 1 つずつたどっていって有限の時間内にわたしたちが到達できる順序数は，すべてセミコロン（；）の前にある．ω はそのような有限の順序数すべてのすぐ後にくる順序数である．つまり，ω は無限順序数だということだ．

　無限順序数についての話はここで終わらない．それどころか，はじまったばかりである．ω は最初の無限順序数にすぎない．ω ではじまる無限数には，ω より前の自然数と同様に後者関数があてはまる．よって，$S(\omega)$ という順序数がある．別の言い方をすれば，すべての有限の順序数と ω をメンバーとする集合の，つぎに並べられる順序数がある．もちろん，その順序数にも後者があり，さらにその後者もある．つまり，

$S(\omega), S(S(\omega)), S(S(S(\omega))), …$

という無限順序数の系列が，ちょうど有限順序数の系列のコピーとしてあるということなのだ．有限順序数の系列を後者関数で定義される加法を使ってあらわせば，

0, 0+1, 0+2, 0+3, …

となるのと同様に，無限順序数の系列も読みやすい形で

ω, ω+1, ω+2, ω+3, …

とあらわしてもいい．0 とおなじように，ω はいかなる順序数の後者

でもない．もちろん，0とちがってωには自分より先にくる順序数が（無限に多く）あるが，0とおなじように自分の「直前に」くる順序数はないのだ．

さて，もちろん，この系列にある無限順序数をすべてメンバーとする集合にも，そのつぎに並べられる順序数がある．

$\omega, \omega+1, \omega+2, \omega+3, \ldots ; \omega_1$

そして，こうなったら，このパターンがかぎりなく続くということも，あきらかだろう．

$\omega_1, \omega_1+1, \omega_1+2, \omega_1+3, \ldots ; \omega_2, \omega_2+1, \omega_2+2, \omega_2+3, \ldots ; \omega_3, \omega_3+1, \omega_3+2, \omega_3+3, \ldots$

$\omega_1, \omega_2, \omega_3, \ldots$にはすべて，$\omega$のように，先にくる順序数が無限に多くあり，かつ，「直前に」くる順序数はない．

1つずつ順番にたどっていっても終わりがない，無限に続く順序数だが，その無限に続く系列そのものが無限に続くというわけである．これは「続く」ということの無限性すなわち順序の無限性だが，サイズの無限性，特に無限大性について考えるには基数について語る必要がある．

ωのサイズはすべての有限順序数の集合のサイズなので，それは「有限順序数はいくつあるか」という問いの答えになる基数であたえられるが，その基数は有限基数ではもちろんない．有限順序数は無限個あるからだ．順序数どうしの順番とちがって，基数どうしの大小関係は集合間の1対1対応関係にもとづいて決まる．

ここで，目下の順序数としての自然数の定義からはずれて，先に出

てきた同値類としての自然数の定義を使って基数についての話をすすめるのが手っ取り早いので，そうしよう．有限順序数の集合と1対1対応関係にある集合をすべてメンバーとする同値類が，「有限順序数はいくつあるか」という問いの答えになる基数であり，それは無限基数である．その無限基数を「$\aleph_0$」(アレフ・ゼロ)と呼ぶ．$\aleph_0$ が最小の無限基数だということは，最初の無限順序数のサイズをあたえる基数だということからあきらかだろう．

4 有理数とアレフ・ゼロ

これまでは自然数について語ってきたが，ここで話を拡張しよう．自然数はすべて，分母を1とする分数として表記できる．

$$\frac{0}{1}, \frac{1}{1}, \frac{2}{1}, \frac{3}{1}, \cdots$$

さらに分母を1以外の自然数にすることを許せば，すべての(負でない)分数が書ける(分母を0とすることは許されない)．

$$\frac{4}{3}, \frac{31}{9}, \frac{67}{8}, \frac{92}{5}, \cdots$$

こうして書かれた分数のなかには，約分するとおなじになるものがいくつもある．たとえば，$\frac{48}{9}, \frac{32}{6}, \frac{96}{18}$ はどれも $\frac{16}{3}$ となり，$\frac{120}{15}, \frac{24}{3}, \frac{40}{5}$ はどれも $\frac{8}{1}$ となる．もちろん，0を分子とする分数は分母にかかわらず，どれも $\frac{0}{1}$ となる．このように分数の表記はムダが多い．なので，「分数」といわず「有理数」といおう．

「有理数」という言葉は，英語では「rational number」だが，この「rational」という形容詞の名詞形「ratio」には「比率」という意味が

ある．なので，「有理数」より「比率数」のほうがいいかもしれない．「有理」の「理」は「理屈」の「理」なので，「有理数」だと「理屈をいう数」または「理屈っぽい数」という妙なふくみがでてしまうのである．英語でも同様にそういう語感が否定できないのだが，じつは「比率」と「理屈」のあいだには，古代ギリシャ哲学までさかのぼる興味深い関係がある（それは，三角形についての有名な定理や，豆を食べるなという奇妙な戒律なども出てくる，おもしろい話なのだが，それをするとキリがないので，しない）．

　すべての（負でない）有理数の集合を Q, すべての自然数の集合を N としよう．すべての自然数は有理数だが，すべての有理数が自然数なわけではない（たとえば $\frac{1}{2}$ は有理数だが自然数ではない）．すなわち，N のメンバーはすべて Q のメンバーだが，Q のメンバーで N のメンバーでないものがある．よって，Q は N よりサイズが大きいと考えるのが普通だろう．しかし驚いたことに，この普通の考えはまちがっている．N に自然数でないさらなる数を加えたからといって，その結果 N よりサイズが大きい集合が得られるという保証はないのだ．集合間のサイズの比較は，いかなるメンバーがふくまれているかということにもとづいてではなく，1対1対応関係にもとづいて決まる，ということを忘れてはならない．じつは Q と N の間には1対1対応関係が成り立っているのである．すなわち，Q の各々のメンバーに N のメンバーが1つずつ対応し，余ったメンバーがない．つまり，Q と N はサイズがおなじなのだ．これは直感に反するが，そのような1対1対応があることをしめすのはむずかしくない．まず，$\frac{0}{1}$ に 0 をあてがってから，そのほかの有理数には，1からの自然数をつぎのようにあてがえばいいのである．

	1	2	3	4	5	6	7	8	⋯
1	$\frac{1}{1}$	$\frac{1}{2}$	$\frac{1}{3}$	$\frac{1}{4}$	$\frac{1}{5}$	$\frac{1}{6}$	$\frac{1}{7}$	$\frac{1}{8}$	⋯
2	$\frac{2}{1}$	$\frac{2}{2}$	$\frac{2}{3}$	$\frac{2}{4}$	$\frac{2}{5}$	$\frac{2}{6}$	$\frac{2}{7}$	$\frac{2}{8}$	⋯
3	$\frac{3}{1}$	$\frac{3}{2}$	$\frac{3}{3}$	$\frac{3}{4}$	$\frac{3}{5}$	$\frac{3}{6}$	$\frac{3}{7}$	$\frac{3}{8}$	
4	$\frac{4}{1}$	$\frac{4}{2}$	$\frac{4}{3}$	$\frac{4}{4}$	$\frac{4}{5}$	$\frac{4}{6}$	$\frac{4}{7}$	$\frac{4}{8}$	
5	$\frac{5}{1}$	$\frac{5}{2}$	$\frac{5}{3}$	$\frac{5}{4}$	$\frac{5}{5}$	$\frac{5}{6}$	$\frac{5}{7}$	$\frac{5}{8}$	
6	$\frac{6}{1}$	$\frac{6}{2}$	$\frac{6}{3}$	$\frac{6}{4}$	$\frac{6}{5}$	$\frac{6}{6}$	$\frac{6}{7}$	$\frac{6}{8}$	⋯
7	$\frac{7}{1}$	$\frac{7}{2}$	$\frac{7}{3}$	$\frac{7}{4}$	$\frac{7}{5}$	$\frac{7}{6}$	$\frac{7}{7}$	$\frac{7}{8}$	
8	$\frac{8}{1}$	$\frac{8}{2}$	$\frac{8}{3}$	$\frac{8}{4}$	$\frac{8}{5}$	$\frac{8}{6}$	$\frac{8}{7}$	$\frac{8}{8}$	
⋮									

　横軸に分母になる自然数を，縦軸に分子になる自然数をならべた平面上に有理数（Qのメンバー）を格子状に配置して，左上の$\frac{1}{1}$すなわち1からはじめて，矢印にしたがってNのメンバーを1から順にあてがっていく（すでに出てきた分数と約分しておなじになる分数は飛ばす）．つまり，

$$\frac{1}{1} \quad \frac{2}{1} \quad \frac{1}{2} \quad \frac{1}{3} \quad \frac{3}{1} \quad \frac{4}{1} \quad \frac{3}{2} \quad \cdots$$
$$≀ \quad ≀ \quad ≀ \quad ≀ \quad ≀ \quad ≀ \quad ≀$$
$$1 \quad 2 \quad 3 \quad 4 \quad 5 \quad 6 \quad 7 \quad \cdots$$

のように，QとNのあいだに1対1対応をつけるのである．いかなる有理数も，横軸と縦軸の両方向に無限に広がるこの表のどこかに（約分しておなじになる分数は1つとかぞえれば）1度だけ現れるので，

1つの自然数があてがわれる．と同時に，いかなる自然数も，この表のどこかで1度だけ有理数にあてがわれる．有理数も自然数も，取り残されているものはない．こうして，有理数と自然数の数はおなじ，すなわち，QとNはサイズがおなじだということが証明されるのである．

　自然数はすべて有理数であり，かつ自然数でない有理数も（無限個）あるのに，QとNはサイズがおなじだということは驚くべきことである．Nのサイズは$\aleph_0$なので，Qのサイズも$\aleph_0$だということだが，自然数でない有理数の数も$\aleph_0$なので，Qのサイズは$\aleph_0+\aleph_0$でもある．すなわち，

$$\aleph_0 + \aleph_0 = \aleph_0$$

だというわけである．これが驚くべきことなのだ．0以外の有限の基数xすべてにあてはまる「$x+x \neq x$」という不等式が無限の基数にはあてはまらない．それに対し「$x+x=2x$」という等式は，定義上すべての数にあてはまるので，

$$\aleph_0 + \aleph_0 = 2\aleph_0$$

である．ということは，

$$2\aleph_0 = \aleph_0$$

だということだ．これも驚くべきことである（この等式の両辺を$\aleph_0$で割って「2=1」という等式が得られると思ってはならない）．

　ひるがえって考えてみると，自然数だけについても同様に驚くべきことがあるということに気づく．すべての（負でない）偶数の集合をE

とすれば，すべての E のメンバーは N のメンバーだが，N のメンバーで E のメンバーではないものが（無限個）ある．すなわち，（正の）奇数である．偶数と奇数の数はおなじなので，偶数と奇数の数を合わせれば偶数の数の 2 倍になる．そして，それは自然数の数なので，N のサイズは E のサイズの 2 倍である．にもかかわらず，それらはおなじ数なのだ．それは，つぎの 1 対 1 対応で証明される．

```
0   2   4   6   8   …
≀   ≀   ≀   ≀   ≀
0   1   2   3   4   …
```

つまり，偶数 $2k$ に自然数 k をあてがうのである．そうすれば，偶数で取り残されるものはないし，自然数で取り残されるものもない．自然数の数は偶数の数とおなじだ，というこの事実はすでに驚くに値することなので，有理数が出てきてはじめて驚いてはいけない．

この驚くべき事実を逆手にとって，無限大を有限大から区別することができる．寄り道になるが，楽しい寄り道なので，これについて手短に説明しよう．

まず，「部分集合」という概念からはじめる．メンバーが 3 つある $\{\alpha, \beta, \gamma\}$ という集合があるとしよう．その集合のメンバー以外のものを使わずにできる集合の数はいくつだろうか．まず，メンバーが 1 つだけの集合の数が 3 だということは，あきらかだ．

$\{\alpha\}, \{\beta\}, \{\gamma\}$

メンバーが 2 つの集合の数も，次のように 3 である．

$\{\alpha, \beta\}$, $\{\alpha, \gamma\}$, $\{\beta, \gamma\}$

メンバーが3つの集合は，もとの集合だけなので，その数は1．それに加えて（もとの集合のメンバー以外をメンバーとしない，という条件をみたしているので）空集合 $\emptyset$ もいれると，トータル数は8となる．

あたえられた集合のメンバー以外のものをメンバーとしない集合のことを，その集合の「部分集合」という．$\{\alpha, \beta, \gamma\}$ の部分集合は，上の8個の集合だというわけである．

メンバーが2つの集合の部分集合の数は4で，メンバーが1つの集合の部分集合の数は2だということは明白だし，メンバーがない集合すなわち空集合 $\emptyset$ の部分集合は $\emptyset$ 自身のみなので，その部分集合の数は1である．

もう1つ例をとろう．メンバーが4つの集合 $\{\alpha, \beta, \gamma, \delta\}$ はどうだろう．部分集合はいくつあるのだろうか．つぎのように，メンバーが1つの集合の数が4，2つの集合が6，3つの集合が4，4つの集合が1，なので，$\emptyset$ もいれて合計16である．

$\{\alpha\}$, $\{\beta\}$, $\{\gamma\}$, $\{\delta\}$
$\{\alpha, \beta\}$, $\{\alpha, \gamma\}$, $\{\alpha, \delta\}$, $\{\beta, \gamma\}$, $\{\beta, \delta\}$, $\{\gamma, \delta\}$
$\{\alpha, \beta, \gamma,\}$, $\{\alpha, \beta, \delta\}$, $\{\alpha, \gamma, \delta\}$, $\{\beta, \gamma, \delta\}$
$\{\alpha, \beta, \gamma, \delta\}$
$\emptyset$

この16個の集合が $\{\alpha, \beta, \gamma, \delta\}$ の部分集合である．というわけで，メンバーの数と部分集合の数はつぎのようになる．

メンバーの数	部分集合の数
0	1
1	2
2	4
3	8
4	16

この表には，一般化できるパターンがある．それは，メンバーが n 個の集合の部分集合は2の n 乗すなわち 2^n 個ある，ということである（その証明は比較的簡単なので読者への宿題としよう）．

E は N ではないが，N の部分集合である．E は N とサイズが同じということだが，E の代わりに N の別の部分集合をとってもいい．たとえば，奇数の集合をとってもいいし，17の倍数の集合をとってもいい．それらの集合と N のサイズの同一性は，奇数 $2k+1$ に自然数 k を，17の倍数 $17k$ に自然数 k をそれぞれあてがうことによって，E の場合と同様に証明することができる．

これとは対照的に，有限数のメンバーをもつ集合の（自身以外の）部分集合は，その集合よりサイズが小さい．たとえば，1から100までの自然数の集合を「H」と呼べば，H は有限大であり，かつ，H の（H 自身以外の）部分集合はどれも H よりサイズが小さい．ほかのいくつかの例，たとえば1から100までの偶数の集合とか，1から100までの3の倍数の集合などについても同様のことがいえる．これらの個々の例から一般化して，

いかなる集合でも，自分自身以外の部分集合で自分自身とおなじ

サイズのものがあるならば，かつその場合のみ，その集合は無限
大のサイズをもつ

といえるのである．これを，無限大のサイズの集合にたまたま当ては
まる偶然的性質ではなく，集合のサイズの無限大性の本質を形成する
性質だとみれば，「集合のサイズが無限大である」ということの定義
とみなすことができる．このようにして，無限という一見つかみどこ
ろのない概念の1つのヴァージョンに，数学的に厳密な定義をあたえ
ることができるのである．

5 実数とアレフたち

　円周率πは無理数である．無理数というのは，有理数ではない数，
つまり分数として書けない数のことである（「無理なことをいう数」で
も「理屈が通らない数」でもない）．無理数と有理数を一緒にして
「実数」という．すべての（負でない）実数の集合をRとすれば，Rに
は無限に多くのメンバーがあることはあきらかだが，その正確なサイ
ズは何だろう．前節でQについてしたように，無限に広がる表を使
ってRはNとおなじサイズだということを証明できるだろうか．残
念ながらできない．πの例からわかるように，無理数は規則正しい小
数展開ができないので，すべての無理数を網羅する表を前節の表に即
したやり方で作ることはできない．もちろん，だからといって，Rと
Nはおなじサイズではないということにはならない．そういうこと
になる証明はあるのだろうか．さいわいなことに，あるのだ．それは
背理法を使った証明である（背理法については『「論理」を分析する』第

4章3節参照).

　まず,話の枠をせばめて,0と1のあいだの実数だけをみることにしよう.そのような実数は,すべて「$0.x_0x_1x_2x_3\cdots$」という小数展開した形で書ける(もちろん規則正しい小数展開とはかぎらない).最初のゼロと小数点の部分「0.」を省略すれば,「$x_0x_1x_2x_3\cdots$」という形の自然数の列になる.このように書ける,0と1のあいだの実数の集合を U とする.R は U とおなじサイズか,またはそれより大きい.よって,U が N よりサイズが大きければ,R も N よりサイズが大きいことになる.U のサイズはすくなくとも $\aleph_0$ なので,N より小さくはない.つまり,U は N とおなじサイズか,またはそれより大きい.よって,U は N とおなじサイズではないということが証明できれば,R は N よりサイズが大きいということの証明になる.

　ここから背理法がはじまる.U は N とおなじサイズだと仮定しよう.おなじサイズならば,N と U のあいだに1対1対応関係が成り立つので,つぎのような形のリストが作れる.

$$
\begin{array}{ccl}
N & & U \\
0 & \approx & x_0{}^0 x_1{}^0 x_2{}^0 x_3{}^0 \cdots \\
1 & \approx & x_0{}^1 x_1{}^1 x_2{}^1 x_3{}^1 \cdots \\
2 & \approx & x_0{}^2 x_1{}^2 x_2{}^2 x_3{}^2 \cdots \\
3 & \approx & x_0{}^3 x_1{}^3 x_2{}^3 x_3{}^3 \cdots \\
& \vdots & \\
n & \approx & x_0{}^n x_1{}^n x_2{}^n x_3{}^n \cdots x_n{}^n \cdots
\end{array}
$$

$\vdots$

このリストは N のメンバーすべてと，U のメンバーすべてをふくんでいる．さて，このリストにもとづいて，つぎのように定義される自然数の列であらわされる 0 と 1 のあいだの実数 k を考えよ．

$k = 0.x_0{}^k x_1{}^k x_2{}^k x_3{}^k \cdots$

つまり，k は小数点以下が「$x_0{}^k x_1{}^k x_2{}^k x_3{}^k \cdots$」であるような 0 と 1 のあいだの実数である．ここで，$x_0{}^k$ は $x_0{}^0$ が 0 なら 1，0 でないならば 0．$x_1{}^k$ は $x_1{}^1$ が 0 なら 1，0 でないならば 0．$x_2{}^k$ は $x_2{}^2$ が 0 なら 1，0 でないならば 0．$x_3{}^k$ は $x_3{}^3$ が 0 なら 1，0 でないならば 0，等々である．一般化して表示すれば，

$x_m{}^m = 0$　ならば　$x_m{}^k = 1$
$x_m{}^m \neq 0$　ならば　$x_m{}^k = 0$

となる．すなわち，1 対 1 対応リストの「$x_0{}^0$」からはじめて（グレーでしめした）対角線のパターンに位置する自然数が 0 なら 1，0 以外の自然数なら 0 を並べた結果が k なのである．

$0 \approx x_0{}^0 \, x_1{}^0 x_2{}^0 x_3{}^0 \cdots$
$1 \approx x_0{}^1 \, x_1{}^1 \, x_2{}^1 x_3{}^1 \cdots$
$2 \approx x_0{}^2 x_1{}^2 \, x_2{}^2 \, x_3{}^2 \cdots$
$3 \approx x_0{}^3 x_1{}^3 x_2{}^3 \, x_3{}^3 \, \cdots$

$$
\begin{array}{c}
\vdots \\
n \quad \approx \quad x_0{}^n x_1{}^n x_2{}^n x_3{}^n \cdots \boxed{x_n{}^n} \cdots \\
\vdots
\end{array}
$$

　こうして定義された実数 k は，1対1対応リストにふくまれない．なぜなら，リストにふくまれるいかなる実数 n についても，その n と n 番目の値 ($x_n{}^k$) がちがう ($x_n{}^n$ が0なら1，0でないならば0である) からである．ということは，このリストは U のメンバーすべてをふくみ，かつ，U のメンバーすべてはふくまないということ (矛盾) になる．よって背理法により，U は N とおなじサイズではない (よって U は N よりサイズが大きい)．ゆえに，R は N よりサイズが大きいのである．

　「対角線論法」と呼ばれるこの議論は，R のサイズは $\aleph_0$ より大きい，つまり，実数の数は自然数の数より多いということを証明する．となると，つぎなる問いかけが「実数の数はいくらか」になるのは自然である．「$\aleph_1$ だろう」と思うかもしれないが，それは性急だ．そもそも $\aleph_1$ (アレフ・ワン) の定義が，まだあたえられていない．$\aleph_1$ がいかなる数かわからない．「アレフ」というくらいだから無限基数にはちがいないし，「ゼロ」ではなく「ワン」だから $\aleph_0$ より大だということは推測できるが，それ以上は名称だけからはわからない．そこで，$\aleph_1$ を「$\aleph_0$ より大だが，ほかのいかなる無限基数よりも大ではない無

限基数」と定義しよう．$\aleph_0$ が最小の無限基数で，$\aleph_1$ が 2 番目に大きい無限基数というわけである．

では，こうして定義された $\aleph_1$ は，R のサイズなのか．すなわち，自然数の数より大で実数の数より小な無限基数はないのか．この問いに答えるのはそれほどむずかしくないだろう，と思うかもしれないが，じつはむずかしい．答えはまだ出ていないのである．R のサイズである無限基数を「c」と呼べば，$\aleph_0 < c$ であることはたしかだが，$\aleph_1 = c$ かどうかがわからないのだ．$\aleph_1 = c$ かもしれないし，そうでないかもしれない．$\aleph_2 = c$ かもしれないし，そうでないかもしれない．「$\aleph_1 = c$ である」という仮説は「連続体仮説」としてしられている．連続体仮説が真かどうかは，まったくさだかでないが，それに勝るとも劣らないくらい重要な基数についての別の命題を証明して，連続体仮説をより広い観点からみることにしよう．

6　メンバーの集合の集合

あたえられた集合 S のメンバー以外のものをメンバーとしない集合のことを S の「部分集合」という，ということは先の節でみた．S の部分集合のすべてをメンバーとする集合のことを，S の「ベキ集合」といい，「$P(S)$」と表記する．一般に，S のメンバーの数が n ならば，S の部分集合は 2^n 個あるので，$P(S)$ のサイズ，すなわちメンバーの数は 2^n である．n が有限なら 2^n が n より大だということはあきらかだが，じつは n が無限でも $n < 2^n$ なのである．これは無限基数についての重要な事実である．なぜなら，無限基数がすくなくとも 1 つある（$\aleph_0$ がある）という事実と組み合わせれば，無限基数は無限個

あるということが帰結するからである．

　サイズが $\aleph_0$ の集合 S のベキ集合 $P(S)$ のサイズは2の $\aleph_0$ 乗（$2^{\aleph_0}$）で，その集合のベキ集合 $P(P(S))$ のサイズは2の $\aleph_0$ 乗の $\aleph_0$ 乗で，さらにその集合のベキ集合 $P(P(P(S)))$ のサイズは2の $\aleph_0$ 乗の $\aleph_0$ 乗の $\aleph_0$ 乗で，さらに…，とかぎりなく続くのである．

集合	S	$P(S)$	$P((S))$	$P(((S)))$	…
サイズ	$\aleph_0$	$2^{\aleph_0}$	$2^{\aleph_0^{\aleph_0}}$	$2^{\aleph_0^{\aleph_0^{\aleph_0}}}$	…

　では，S のサイズが n ならば，n が有限か無限かにかかわらず，$P(S)$ のサイズ 2^n は n より大である，ということを証明しよう．その証明は2つのサブ証明から成っている．1つめのサブ証明は，$P(S)$ のサイズは S のサイズより小ではないということを証明し，2つめは，$P(S)$ のサイズは S のサイズとおなじではないということを証明する．この2つが証明されれば，$P(S)$ のサイズは S のサイズより大であることが証明されたことになる．

サブ証明(1)
　もし S のいかなるメンバー x にも $P(S)$ のメンバーが対応し，x と y が S のことなるメンバーならばそれらに対応する $P(S)$ のメンバーもことなるような，そういう対応関係があれば，$P(S)$ のサイズは S のサイズより小ではない．そのような対応関係はつぎのようにして作ることができる．

　　　　$x \quad \to \quad \{x\}$

つまり，S の任意のメンバー x に x の単集合を対応させるのである．いかなる S のメンバーにもその単集合はあり，ことなる S

のメンバーの単集合はことなるので、この対応関係の存在は、$P(S)$ のサイズが S のサイズより小ではないということをしめす.

サブ証明(2)
背理法を使って、$P(S)$ のサイズは S のサイズとおなじではないと証明する.

　$P(S)$ のサイズは S のサイズとおなじだと仮定する. ならば、S と $P(S)$ のあいだに1対1対応関係がある. すなわち、S のいかなるメンバーにも $P(S)$ の何らかのメンバーが1対1で対応し、取り残されている $P(S)$ のメンバーはない. ここで、自分が対応する $P(S)$ のメンバーのメンバーではないような S のメンバーの集合を X としよう. つまり、S のメンバーでつぎのような条件をみたすもの e を集めたのが X だということである.

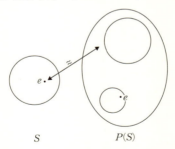

　多数ある $P(S)$ のメンバーのうち2つだけを $P(S)$ 内の2つの円であらわしている. そして、S のメンバー e が対応する $P(S)$ のメンバーは、その2つの円の大きいほうの円であらわされている集合(e と $\approx$ の関係にある集合)であり、e 自身はその集合のメンバーではない. 小さいほうの円であらわされている集合は、e

をメンバーとする集合の代表である.

　e のような S のメンバーのみをメンバーとする集合 X は S の部分集合なので, $P(S)$ のメンバーである. ということは, S から $P(S)$ へ1対1対応があるという目下の仮定のもとでは, X を対応者とする S のメンバーがあるということになる. そのような S のメンバーを y とする.

　y は X のメンバーだと仮定せよ. ならば, X の定義により, y は(前ページの図の e のように)自分が対応する $P(S)$ のメンバーのメンバーではない. だが y が対応する $P(S)$ のメンバーは X である. よって, y は X のメンバーではない. だが, そうならば, y は X のメンバーである. なぜなら, 自分が対応する $P(S)$ のメンバーのメンバーではないような S のメンバーの集合が X だからである. よって, y は X のメンバーではなく, かつ, X のメンバーである. これは矛盾だ. ゆえに, 背理法により, $P(S)$ のサイズは S のサイズとおなじではない.

この証明は, S のサイズが有限だという仮定にもとづいてはいないので, 無限の場合にもあてはまる. すべての有限順序数をメンバーとする集合 ω のベキ集合 $P(\omega)$ のサイズは ω のサイズより大である, すなわち $\aleph_0 < 2^{\aleph_0}$. さらに, $P(P(\omega))$ のサイズは $P(\omega)$ のサイズより大であり, $P(P(P(\omega)))$ のサイズは $P(P(\omega))$ のサイズより大であり, $P(P(P(P(\omega))))$ のサイズは…, この主張列に終わりはない. 無限に続く. よって, 無限基数も無限数あるということになるのである.

　というわけで, 無限に大きな順序数は無限にあり, 無限に大きな基数も無限にある. 2つの別々の種類の実体として順序数と基数がある

という印象をあたえないように言い直せば，順序数として機能していても基数として機能していても，無限に大きな数は無限個ある．

じつは，無限個あるこれらの無限に大きい数についてのわたしたちの知識は，驚くほどかぎられている．たとえば，$\aleph_0 < 2^{\aleph_0}$ なので $2^{\aleph_0} \neq \aleph_0$ ということだが，そうすると即座に「$2^{\aleph_0}$ は，どのアレフと同一なのだろう」という疑問が頭にうかぶ．つまり，$2^{\aleph_0} = \aleph_1$ だろうか，$2^{\aleph_0} = \aleph_2$ だろうか，$2^{\aleph_0} = \aleph_3$ だろうか，…という疑問である．この疑問に答えは出ていない．それどころか，$2^{\aleph_0}$ がアレフのどれかかどうか，つまり $2^{\aleph_0} = \aleph_k$ であるような k があるかどうかさえもわかっていない．$2^{\aleph_0}$ は，実数集合 R のサイズ c である．つまり $2^{\aleph_0} = c$ ということだ．すなわち，連続体仮説は「$2^{\aleph_0} = \aleph_1$ である」という仮説だということなのである．

連続体仮説が真か偽か，まだわかっていないということだが，数学において真偽を決定するためには証明という手段にうったえる以外に方法はないので，これは，連続体仮説の証明も，連続体仮説の否定の証明も，どちらもできていないということである．この状況は，どう解釈すればいいのだろう．連続体仮説の証明か連続体仮説の否定の証明のどちらか片方が存在するが，まだ見つかっていない，と解釈すべきなのだろうか．もしその解釈をとるとするならば，さらなる 2 つのサブ解釈を区別する必要がある．

そのうちの 1 つによると，存在する証明が見つかっていないのは，わたしたちの努力不足によるもので，さらに努力しつづければ見つかるかもしれない．いっぽう，もう 1 つ別のサブ解釈によれば，存在する証明が見つかっていないのは，いくら努力してもわたしたちのような存在者には見つけられない種類の証明だからだ．この後者のサブ解

釈による証明者としてのわたしたちの限界が，生物学的なもの，すなわち，わたしたちが人間だという事実にもとづく生物学的限界ならば，その限界をもたない，たとえば人工知能のようなものならば証明者として成功するかもしれない．サイエンス・フィクション的に想像は広がる．

だがじつは，この2つのサブ解釈のもとになっている，そもそもの当の解釈が論駁されているのである．連続体仮説の証明も連続体仮説の否定の証明も，どちらも存在しない，ということが証明されているのである．存在しないものを見つけることはできないので，連続体仮説の真偽がわからないのはもっともなことだ．

もちろん話はここで終わらない．証明の非存在がわかれば，証明が見つからないことは簡単に説明できるが，新たな疑問がうかびあがる．なぜ証明が存在しないのか，という疑問である．ここで意見が大きく2つに割れる．「証明が存在しないのは，$2^{\aleph_0}=\aleph_1$ かどうかという事実そのものが存在しないからだ」という意見と，「$2^{\aleph_0}=\aleph_1$ という事実が存在するか，あるいは $2^{\aleph_0}\neq\aleph_1$ という事実が存在するか，どちらかだが，わたしたちが使っている証明体系が弱すぎて証明が存在しえないのだ」という意見である．前者の意見からみてみよう．

7　無限数へのアクセス

$2^{\aleph_0}=\aleph_1$ かどうかという事実そのものが存在しないということは，$2^{\aleph_0}=\aleph_1$ だという事実はなく，かつ，$2^{\aleph_0}=\aleph_1$ ではないという事実もない，ということだが，これは数論どころか論理に反するように思われる．「$x=y$」の形の命題の真偽は，x が存在するか y が存在すれば決

まることであるように思われる．x が存在して y が存在しないか，あるいは x が存在しなくて y が存在すれば，「$x=y$」はあきらかに偽である．x と y がともに存在するか，またはともに存在しないかどちらかであり，かつ「$x=y$」が真か偽かが即座には決まらない場合でも，x と y が同一者だという事実があるか，x と y は同一者ではないという事実があるか，どちらかだろう（ともに存在しない例としては，「ゼウス＝ジュピター」や「ハムレット≠ロミオ」などがあげられるかもしれない）．

本書を読み終えた人のなかで 63 番目に速いスピードで読み終えた読者を j とすれば，「あなた＝j」の真偽は定かではないにもかかわらず，あなたは j だという事実があるか，あなたは j ではないという事実があるか，どちらかだということは疑いえないだろう．同様のことは，普通の存在者についてならすべてにいえる．

たとえ，あなたも j もどちらも存在しなかったとしても，あなたと j がともに（ゼウスやハムレットのような）普通の非存在者だったら，あなたは j だという事実があるか，あなたは j ではないという事実があるか，どちらかだろう．ということは，「$2^{\aleph_0}=\aleph_1$ かどうかという事実そのものが存在しない」という意見が正しければ，$2^{\aleph_0}$ と $\aleph_1$ はともに普通でない存在者か，それとも普通でない非存在者か，どちらかだということになる．

0, 1, 2, ... という自然数が存在し，それを後者関数にしたがって並べた 0 から特定の自然数までの集合のメンバーのどれよりも後にくる自然数が存在する，ということを受け入れるならば，ω の存在は受け入れないわけにはいかない．そして，そうすれば，ω のサイズとして $\aleph_0$ の存在も受け入れなければならないし，さらに存在する数の累乗

は存在するので $2^{\aleph_0}$ の存在も受け入れねばならない．$\aleph_0$ が存在して $\aleph_1$ が存在しなければ，$2^{\aleph_0}=\aleph_1$ ではないということになるので，「$2^{\aleph_0}=\aleph_1$ かどうかという事実そのものが存在しない」という意見の擁護者は，$\aleph_1$ も存在するとしなければならない．つまり，$2^{\aleph_0}$ と $\aleph_1$ はともに存在する普通でない実体だ，というわけである．

だが，存在するにもかかわらず同一者かどうかに関する事実がない，というような存在者の概念をわたしたちは把握することができるだろうか．いままでにやったことのない何かアクロバティックな知的行為をすればできるかもしれない．しかし，そのような極端なことをしなくてもいいならそれに越したことはないので，前節の終わりに出てきた2つの意見の後者，「$2^{\aleph_0}=\aleph_1$ という事実が存在するか，$2^{\aleph_0}\ne\aleph_1$ という事実が存在するか，どちらかだが，従来の証明体系が弱すぎて証明が存在しえない」という意見が真剣な考慮に値するのである．

その意見に賛成するとしよう．そうすると，従来の証明体系より強力な証明体系を使えば，どちらかの事実が証明できるのではないか，という考えにいたるのは自然である．証明体系は推論ルールと推論の出発点となる公理からなるので，推論ルールを強化するか，あるいは公理を強化すればいいのではないか，ということになるが，どちらを強化すればいいのだろうか．

推論ルールを強化するのは，論理をかえることになるので，まずい．証明したいものを結論として導きだすことを許す推論ルールを加えれば証明できるのはあたりまえだが，それは本末転倒だからである．たとえば，$2^{\aleph_0}=\aleph_1$ ではないということを証明したい，つまり，$2^{\aleph_0}\ne\aleph_1$ だということを証明したいとしよう．そして，公理から「$2^{\aleph_0}\ne\aleph_1$」を導きだすのを可能にするような推論ルールを案出して，それを加え

た証明体系を使って「$2^{\aleph_0} \neq \aleph_1$」を証明したとしよう．そうすれば証明ができたということになるわけだが，それがいったい何のためになるのだろうか．そもそも「$2^{\aleph_0} \neq \aleph_1$」を証明したいと思うのは「$2^{\aleph_0} \neq \aleph_1$」が受け入れるに値するということをしめしたいからであって，その証明ができるように推論ルールをいじるのは，その目的に即していない．新幹線で姫路から盛岡へ行きたいが，交通費が足りないので，岐阜羽島のつぎ三河安城のまえの駅で降りて，その町を「盛岡」と呼べば，「わたしは盛岡にやってきた」と発言することができるのだ，と主張するようなものだ．誰かに「盛岡」と呼ばれたからといって，名古屋が盛岡になるわけではない．そうなるのだったら，わたしは自分を「アリストテレス」と呼ぼう．

推論ルールはそのままにして，公理を強化するのが定石である．目下の公理に何か適切な公理をつけ加えれば $2^{\aleph_0} = \aleph_1$ が証明できるのではないか．さもなければ，別の適切な公理をつけ足せば $2^{\aleph_0} \neq \aleph_1$ を証明することが可能になるのではないか．ここで重要なのは，「適切な公理」とはいかなる公理かという問題である．

8　数学的帰納法

5つのデーデキント・ペアーノ公理の最後にあげられている(A5)について論じるときがきた．すべての自然数がこれこれだ，という形の命題を証明するのに使う公理である．

（A5）　0がΦで，かつ，任意の自然数xについてxがΦなら$S(x)$もΦならば，すべての自然数がΦである．

| 0 が Φ | x が Φ ならば $S(x)$ も Φ | ⟹ | すべての自然数が Φ |

　じつは，デーデキント・ペアーノ公理の数は5つではなく，無限である．どういうことかというと，(A5)は1つの公理ではなく，無限に多くの公理をひとまとめにして述べたものだといえるのだ．つまり，それは1つの特定の公理ではなく，いくつもの特定の公理に共通する公理形式なのである．「Φ」というギリシャ文字は述語ではなく，述語が占めるべき場所をしめしている記号にすぎない，ということなのである．たとえば，「F」，「G」，「H」が述語だとすると，「Φ」は，その各々の述語の代わりの役割を果たしているにすぎない，つまり，

($A5_1$)　0がFで，かつ，任意の自然数xについてxがFなら$S(x)$もFならば，すべての自然数がFである．

($A5_2$)　0がGで，かつ，任意の自然数xについてxがGなら$S(x)$もGならば，すべての自然数がGである．

($A5_3$)　0がHで，かつ，任意の自然数xについてxがHなら$S(x)$もHならば，すべての自然数がHである．

という3つの公理をまとめて述べるのを可能にしているのである．さらに具体的に「(集合)Bのメンバー」という述語を使って(A5)を例示すれば，

($A5_4$)　0がBのメンバーで，かつ，任意の自然数xについてxがBのメンバーなら$S(x)$もBのメンバーならば，すべての自然数がBのメンバーである．

となる．(A5)の「0がΦ」という部分を「基礎ステップ」，「任意の

自然数 x について x が $\varPhi$ なら $S(x)$ も $\varPhi$」の部分を「帰納ステップ」といい，(A5) を使った証明は「数学的帰納法」による証明と呼ばれる．数学的帰納法による証明は，自然数論において欠かすことのできない強力な証明方法である．すべての自然数についてあたえられた命題が 0 について真であり，もし x について真ならば $S(x)$ すなわち $x+1$ についても真だ，ということをしめせばいいのである．例を 1 つみることにしよう．

命題 すべての自然数 n について，$1+2+\cdots+n = \dfrac{n(n+1)}{2}$ である．

証明 [基礎ステップ] $n=0$ のとき $0 = \dfrac{0}{2}$ （あきらか）

[帰納ステップ] $1+2+\cdots+x = \dfrac{x(x+1)}{2}$ と仮定せよ．

$1+2+\cdots+x+(x+1) = \dfrac{(x+1)((x+1)+1)}{2}$ だということをしめす．

$$
\begin{aligned}
1+2+\cdots+x+(x+1) &= \frac{x(x+1)}{2} + (x+1) \quad \text{（仮定による）}\\
&= \frac{x(x+1)}{2} + \frac{2(x+1)}{2}\\
&= \frac{x(x+1)+2(x+1)}{2}\\
&= \frac{(x+2)(x+1)}{2}\\
&= \frac{(x+1)(x+2)}{2}\\
&= \frac{(x+1)((x+1)+1)}{2}
\end{aligned}
$$

数学的帰納法による証明が受け入れられるべきものだということは，直感的にあきらかだろう．すべての自然数がこれこれだ，ということを証明するには，まず0がこれこれだと証明してから，0がこれこれなら1もこれこれだと証明し，また，1がこれこれなら2もこれこれだと証明し，さらに，2がこれこれなら3もこれこれだと証明し，…，ということができればいい．だが，もちろん，こういう証明の列は無限に続くので，有限個体であるわたしたちには完了できない．そこで，そうする代わりに(A5)を使えば，おなじことが有限の証明でできるのである．

　基礎ステップがあたえられたうえで，帰納ステップがしめされれば，0からはじめて，「0がΦなので，その後者の1もΦだ」，「1がΦなので，その後者の2もΦだ」，「2がΦなので，その後者の3もΦだ」，…と論証し続けることができるので，Φでない自然数の存在は排除されるのである．この点々の部分「…」をすべてじっさいにしめそうとすると，有限の方法ではできない．そのような穴を埋めるのが，無批判に受け入れることを要求する公理としての(A5)の役目といえよう．

9　数学的帰納法を疑う

　上の点々の部分「…」をすべてしめすことは，有限の方法ではできない．そうすることなく，そうできたら証明できるであろう命題を証明可能にするような公理は許してはいけない，という意見があるかもしれない．有限の能力しかない有限の存在であるわたしたち人間にとって，有限の方法は唯一の正当な証明の方法である，という意見をかたくなに保持しようとする立場だが，それによると(A5)は受け入れ

られないのである．しかしながら，無限に多くある自然数についての一般的な命題を証明しようとするとき，そういう有限の方法だけにたよっていては遅かれ早かれ壁につきあたるだろう．自然数についての一般的な命題の証明の遂行を放棄するのでないかぎり，(A5)あるいは(A5)の役目を代行する公理は不可欠である．

わたしたちには，無限に多くのことを，1つ1つ別々に，有限の時間内にしめすことはできないので，かたくなな意味での有限の方法のみに依存する立場が過度に束縛的に感じられるのである．過度に束縛的でない有限の方法の使い方もあり，そこでは，論理学における「決定可能性」という概念が中心的な役割をはたすのだが，(A5)は，決定可能性にもとづく，そのゆるい意味での有限の方法の使用法にはかなっている（決定可能性については『「論理」を分析する』第5章3節と第6章を参照）．

その反面，(A5)だけでは不十分だ，もっと強い公理がいる，という正反対の意見もある．0, 1, 2, ...と続く自然数だけを問題にするならば(A5)で十分だが，それ以外の数も問題にしたければ，もっと適用範囲の広い公理が必要だという意見である．

(A5)は，0以外は，何らかの自然数の後者である自然数のみを射程距離におく．0が基礎ステップで特別あつかいをうけるのは，0が何者の後者でもないからである．そのほかの自然数は，何者かの後者として帰納句によって一緒くたにあつかわれることになっている．だが，ωは，帰納ステップのあつかいからもれている．0同様，何者の後者でもないからだ．ωは最初の無限数だが，いかなる有限数とωのあいだにも別の有限数があるという意味で，ωはいかなる自然数の後者でもない．よって，0とおなじような特別あつかいが必要になる．

(A5)と並列するが，ω および，ω から後者関係によって芋づる式に到達できる数——すなわち，$\omega, S(\omega), S(S(\omega)), S(S(S(\omega))), S(S(S(S(\omega)))), \ldots$——だけに限定された，つぎのような公理が考えられる．

 (A6) ω が Φ で，かつ，任意の数 x について x が Φ なら $S(x)$ も Φ ならば，すべての(ω から到達できる)数が Φ である．

0 や ω などのように，何者の後者でもない数のことを「極限(順序)数」と呼ぶ．0 は有限極限数で，ω は無限極限数である．各々の極限数からはじめて，そこから後者関係によって芋づる式に到達できる数に限定された，(A5)や(A6)のような公理をすべて集めた内容をもつスーパー帰納公理を受け入れるべきだ，というのが当の意見である．無限(順序)数を認めるかぎり，このような意見は尊重しなければならない．もちろん，尊重することは賛成することではない．そのような意見は尊重するだけではなく賛成すべきなのだろうか．これは興味深い問いだが，本書であつかう余裕は残念ながらない．

その代わり，ここでは，ふたたび(A5)の批判を検討しよう．先の批判は，(A5)が可能にする数学的帰納法による証明は認められないという，数論における証明にかんする批判だったが，つぎにみる批判は，そういう批判ではない．数論内からの批判ではなく，数論の自然界への適用にもとづく批判である．

普通の砂でできた高さ 1 m の，普通の砂山があるとしよう．その砂山が普通にたたずんでいる状態では，砂山を構成している砂粒のすべてがその砂山にある．つまり，それは，砂山から取り除かれた砂粒の数が 0 である状態である．砂山のてっぺんから砂粒を 1 つだけ取り

除けば，砂山が消えてなくなるだろうか．もちろん，そんなことはない．つまり，砂山から取り除かれた砂粒の数が1ならば，その結果は依然として砂山の存在である．すなわち，取り除かれた砂粒の数が0のときその結果が砂山の存在ならば，取り除かれた砂粒の数が0の後者のときも，その結果は砂山の存在である．

これは，0とその後者(1)だけについて成り立つのではなく，自然数一般について成り立つ．すなわち，取り除かれた砂粒の数がxのときその結果が砂山の存在ならば，取り除かれた砂粒の数がxの後者のときも，その結果は砂山の存在である．たった1粒のちがいが，砂山を砂山でなくすことはない．「取り除かれた砂粒の数がxのときその結果は砂山の存在だという，そういうxである」という述語を「Jである」と省略して書けば，0はJであり，いかなる自然数xについても，xがJならxの後者もJである．ということは，つぎの命題(A7)の前件(「ならば，」までの部分)——すなわち，数学的帰納法の基礎ステップと帰納ステップ——が真だということだ．

(A7) 0がJで，かつ，任意の自然数xについてxがJなら$S(x)$もJならば，すべての自然数がJである．

よって，(A7)の後件(「ならば，」のあとの部分)——数学的帰納法の結論——も真である．もちろん，(A7)は(A5)の特定のヴァージョンにすぎない．ゆえに，(A5)を受け入れれば(A7)も受け入れなければならない．

なぜ，この議論が(A5)への反論になるのだろうか．それは，(A7)は受け入れられないからである．そして，その理由は，砂山がふくむ砂粒の数を考えれば，すぐあきらかになる．

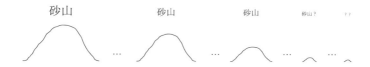

　(A7)を受け入れれば,すべての自然数がJだということを受け入れることになるので,普通の砂でできた高さ1mの普通の砂山がふくむ砂粒の数をkとすれば,kもJだということを受け入れなければならない.すなわち,取り除かれた砂粒の数がkのときその結果は砂山の存在である,ということを受け入れなければならない.だが,k個の砂粒から成っている砂山からk個の砂粒を取り除けば,その結果砂山はなくなるということはたしかなので,これは受け入れられない.

10　砂山のチャレンジ

　普通の砂山に数学的帰納法を適用するとあきらかに受け入れがたい結論が出る,というのが前節での議論だったが,これは(A5)への決定的な反論になるのだろうか.もしなるとしたら,砂山のようなごくあたりまえにある物体が(A5)という自然数論での多くの一般命題の証明の基礎をなす公理を駆逐する,という思ってもいない事態が生じてしまう.そこで,前節の論証の非をさがすという試みが重要視されることになる.そういう試みのいくつかを本節で検討しよう.

　まず,砂山の同一性にかんする反論からはじめることにしよう.k個の砂粒から成っている砂山を「スウ」と呼び,それから砂を1粒取り除いた結果残ったものを「マア」と呼べば,「マアはスウと同一で

はないので，(A7)の帰納ステップ部分は真ではない」という反論である．この反論は説得的だとはいえない．大きなあやまりを2つ犯しているからだ．1つは，マアとスウは同一ではないという主張，もう1つは，マアとスウが同一でなければ(A7)の帰納ステップは真ではないという暗黙の仮定である．

マアはスウと同一ではないという主張を裏づけるのは，「マアは，スウより1粒すくない数の砂粒から成っている．スウは，スウより1粒すくない数の砂粒から成っているのではない．よって，マアはスウではない」という議論しかないが，この議論は妥当ではない（妥当性については『「論理」を分析する』第3章1-2節参照）．わたしたち（の身体）は何兆個という数の細胞から成っており，その数はいつも変化し続けているが，だからといって，わたしたちはそのたびに別人になっているわけではない．今日のあなたは，たぶん昨日のあなたとはちがった数の細胞から成っていることだろうが，それだけの理由で，昨日のあなたとは別の人間だということにはならない．

昨日あなたが自動車免許を取得したとしよう．そして今日，自動車運転中に警察に止められて，無免許運転で逮捕されたとしよう．警察の言い分が「自動車免許取得者は昨日のあなたであって，今日のあなたは昨日のあなたと同一ではないので，今日のあなたは自動車免許をもっていない」だったら，今日のあなたは説得されるだろうか．されないだろう．されるべきではないのである．

第1章3節のトラのヒゲの例でみたように，物体は変われるのである（物理的実体という意味で，トラも人間も物体である）．同一人物が，ある時点である性質をもち別の時点でその性質をもたない，ということは可能なのである（それがいかに可能かという純粋に形而上学的な

問題はさておき，それが可能だということを暗黙裡に仮定しなければわたしたちの社会的営みがすべて成り立たなくなってしまう，という意味で，それが可能だということを受け入れないわけにはいかない）．砂山も変われる．トラがヒゲを1本失ったからといって別のトラになるわけではないように，そして，あなたが細胞を1つ失ったからといって別の人間になるわけではないように，スウが砂粒を1粒失ったからといって別の砂山になるわけではない．マアはスウと同一の砂山ではない，ということにはならない．

　当の反論の2つめの大きなあやまりは，マアがスウと同一かどうかという問題の過大評価である．マアとスウの同一性を論駁するのはむずかしいが，仮に論駁できてマアがスウと同一でないことがしめされたとしても，大勢に影響はないのである．当の反論は，それに気づいていないという点であやまっているのだ．

　(A7)の帰納ステップ部分をスウとマアにあてはめれば，「スウから0粒の砂粒を取り除いた結果が(存在する)砂山ならば，スウから1粒の砂粒を取り除いた結果(マア)も(存在する)砂山である」となる．ここには，マアがスウと同一かどうかについての主張は一切ない．スウが砂山ならばマアも砂山だという主張だけである．これは，スウから1粒以上の砂粒を取り除いた結果についても同様である．たとえば，スウを成している砂粒の外側の50%が取り除かれた結果はスウと同一だという主張は(マアがスウと同一だという主張より)かなり危うい主張だが，それが砂山だという主張はそうではない．高さ1mの普通の砂山から外側50%の砂粒を取り除いても，結果は砂山に変わりはないだろう．高さや体積は減るが，砂山であることに変わりはないはずである．

つぎに検討する反論は，「砂山についての論証は，砂山という物体と砂粒という物体の相互関係にかんする論証であって，自然数に関する論証ではないので，自然数論の公理である(A5)とは無関係である」という主旨の，このような反論である．

> 自然数は，空集合 $\emptyset$ からはじまって集合論的操作のみにより形成されるので，自然界に存在する物体とは独立である．砂山にかんする論証は，砂山という物体についてのパラドックスを提示するかもしれないが，それは物理世界についてのパラドックスであり，自然数論とは何の関係もない．

この反論のいいところは，物理世界からの自然数の独立性を前面に押し出しているというところである．物理世界に存在する物体は，わたしたちの知覚による経験の対象になるが，数学世界に存在する自然数は知覚できない．2つのリンゴは知覚できるが，2という自然数は知覚できない．これを否定することはむずかしく，(2つのリンゴのような)物体の存在のしかたおよびわたしたちによる認識のされかたと，(2のような)自然数の存在のしかたおよびわたしたちによる認識のされかたの対比は，存在論と認識論において大きな問題になっている．赤くて甘いリンゴの存在のしかたおよび認識のされかたと，緑色で酸っぱいリンゴの存在のしかたおよび認識のされかたの対比とは，レベルがちがう．

にもかかわらず，この反論は的はずれに終わっている．自然数が物体から独立の存在者だとしても，そういう存在者としての自然数と物体のあいだに何の関係もないということにはならない．「独立」は「無関係」を含意しないのだ．

じつのところ，自然数と物体のあいだには親密な関係がある．すでに第1章第1節でくわしくみた「かぞえる」という行為が，その関係性を如実にしめしている．順序数1とナオコのあいだには「（　）は（　）の順位である」という関係が成立し，基数5とわたしの左足の指のあいだには「（　）は（　）の数である」という関係が成立している．そして，これらの関係はトリヴィアルではない．順序数4とナオコのあいだには「（　）は（　）の順位である」という関係はない（ナオコは遅くない）し，基数5とわたしの目玉のあいだには「（　）は（　）の数である」という関係はない（わたしは火星人ではない）．∅からはじめて集合論的操作のみによって形成される自然数と，ナオコやわたしの左足の指といった物体とのあいだに，いかにしてこのような関係が成り立ちうるのかは，集合同士のあいだに「1対1対応」という関係が成り立ちうるということからわかる（第2章3節参照）．

　砂粒という物体をかぞえることができる，というあたりまえの事実に気づきさえすれば，砂山についての論証が(A5)とは無関係だという反論をしりぞけることは簡単である．

　この反論をしりぞけることは簡単だが，その反論と混同されがちな別の反論は少々やっかいである．ここまで，(A7)は(A5)の特定のヴァージョンにすぎないということ，そしてそれゆえ(A5)を受け入れれば(A7)も受け入れなければならないということを，あたりまえのこととして仮定してきたが，この別の反論は，その仮定を拒否するのである．(A5)と(A7)を思いだそう．

（A5）　0が$\varPhi$で，かつ，任意の自然数xについてxが$\varPhi$なら$S(x)$も$\varPhi$ならば，すべての自然数が$\varPhi$である．

(A7)　0 が J で，かつ，任意の自然数 x について x が J なら $S(x)$ も J ならば，すべての自然数が J である．

　「J である」は「取り除かれた砂粒の数が x のときその結果は砂山の存在だという，そういう x である」という述語の省略形なのだが，この反論によると，この述語は(A5)において「$\varPhi$」の置き換えに適切な述語ではない．その理由は，「砂山」という言葉をふくんでいるからである．なぜ「砂山」という言葉がいけないかというと，それは曖昧な言葉だからである(曖昧性については『「論理」を分析する』第 7 章 3 節参照)．つまり，(A5)において「$\varPhi$」の置き換えに適切な述語は，曖昧な言葉をふくまない述語のみである，というわけだ．

　(A5)は，自然数論における証明の手助けになる公理なので，自然数の本質的な性質のみがその守備範囲に入るべきであって，そうでない性質は排除されねばならないというのである．自然数そのものは曖昧性をゆるさない．「偶数である」や「素数である」などの性質と「より大きい」や「5 を公約数とする」などの関係から即座に推測できるように，自然数の本質は曖昧性とは無縁である．すべての自然数は偶数と偶数でない自然数とにはっきり分離でき，どっちつかずの自然数はない．素数についてもおなじで，(素数か素数でないかを，わたしたちが決められない自然数はあっても)素数か素数でないかが客観的に不定であるような自然数などない．また，いかなる 2 つの自然数 x と y についても，x は y より大きいか，または大きくないか，どちらかであって，大小関係が曖昧な x と y などない．「5 を公約数とする」についてもおなじで，x と y は 5 を公約数とするかしないか，どちらかである．この反論は，そう主張するのである．

先の反論とちがって，この反論は，自然数の世界と物理的世界の関係性を否定しはしない．自然数を使って物体の数をかぞえることができる，ということを否定しない．ただ，自然数の本質と物体の本質を区別し，自然数の本質に反する述語は「φ」の置き換えに適切ではない，とするにとどまるのである．ということは，先の反論より主張している内容がすくないという意味で「より弱い」主張をしているということになるので，先の反論が論駁されても，この反論が論駁されたことにはならない(その意味では，先の反論より強固な主張をしている)．にもかかわらず，この反論にも難点がある．

　まず，自然数の本質が曖昧性とは無縁だという主張の根拠は何か．自然数と自然数のあいだの本質的な関係として「より大きい」という例があげられているが，そもそも，この関係が曖昧ではないという立場は，それほど確固たるものではない．この関係が自然数の本質をあらわすならば，数一般の本質もあらわしている．ここで，5節に出てきた連続体仮説を思いだそう．「$\aleph_1=c$である」と主張するこの仮説の真偽はわからないが，もし偽ならば，$\aleph_1<c$であるか，$c<\aleph_1$であるか，どちらかだと思うのが自然だろう．自然だが，それが正しいという保証はない．ある特定の公理のもとでは「$\aleph_1<c$」が証明でき，別の特定の公理のもとでは「$c<\aleph_1$」が証明でき，かつ，相対するその2つの公理のどちらかを客観的な考慮にもとづいて明確に選択することなどできない，という事態は想定不可能ではない．そして，そのような事態がおきれば，「より大きい」という関係は曖昧な関係である，という主張が擁護できるようになるかもしれない．そうはなりえないという保証はない．

　仮に，「偶数である」や「素数である」，また「5を公約数とする」，

そして「より大きい」もふくめて，あげられた例がすべて非曖昧だったとしても，そういう例をいくつかあげるだけでは，とうてい十分とはいえない．例にあげられていない性質や関係にも曖昧なものがない，という確証が欠けているからだ．自然数がもつ本質的な性質と関係すべてが例外なく非曖昧的だ，という一般的主張を確立する必要がある．自然数は，空集合 $\emptyset$ からはじまって，集合論的操作で作られ，デーデキント・ペアーノ公理（すくなくとも最初の4つの公理）をみたすような集合だという目下の枠組み内でいえば，そのような集合がもつ本質的な性質と関係は曖昧性をゆるさない，ということを確立しなければならないということだ．だが，どのようにして，それを確立することができるのかは明白とはいえない．

　たとえば「ファジー集合」という概念がある．集合論の基本的な述語は「（　）は（　）のメンバーである」という二項関係をあらわす述語で，「$\in$」という記号で書くのだが，普通の集合論では，この述語は曖昧ではない——すなわち，すべての x と y について $x \in y$ かそうでないか，白か黒かどちらかである．だがファジー集合論では，この述語が曖昧化されるのだ．グレーゾーンが許されるのだ．つまり，S をファジー集合とすれば，何らかの x について，「x は S のメンバーか」という質問に「はい」という答えも「いいえ」という答えも正しくないのである．では，いかなる答えが正しいのだろうか．よく使われる確率論的ファジー集合論によると，「83％メンバーだ」とか「17％非メンバーだ」といった答えが正しいとされる．

　『「論理」を分析する』第7章3節の多値論理では，0と1のあいだの有理数に対応する無数の真理値が設定されているが，0と1のあいだの実数（有理数と無理数）に対応する真理値を設定すれば，確率論的

集合論との共通性はあきらかである.「x は 83% S のメンバーだ」という代わりに「「$x \in S$」の真理値は T_{83} だ」といえるし,「x は 17% S の非メンバーだ」という代わりに「「$x \notin S$」の真理値は T_{17} だ」といえる.

100% 真と 100% 偽 (0% 真) 以外の真理値を認めない論者は, 100% S のメンバーだということと 100% S の非メンバー (0% S のメンバー) だということ以外の可能性を認めないだろうし, 100% 真と 100% 偽以外の真理値を認める論者は, 100% S のメンバーだということと 100% S の非メンバーだということ以外の可能性を認めないわけにはいかないだろう. もちろん, 命題一般については 100% 真と 100% 偽以外の真理値を認めるが, 集合論の命題は例外だ, という立場は可能である. なぜ集合論の命題が例外なのかという疑問がわくが, それには「物体以外の存在者だけにかんする命題だからだ」という答えが自然かもしれない. ただ, その答えは, 連続体仮説が偽だった場合, c と $\aleph_1$ の大小関係を断言する命題の真理値は 100% 真でも 100% 偽でもないという可能性に直面する. 結局, 自然数の本質は曖昧性をゆるさないという主張に舞い戻らざるをえないのかもしれない.

いずれにせよ, デーデキント・ペアーノ公理 (の最初の 4 つ) をみたす

$$\emptyset, \{\emptyset\}, \{\emptyset, \{\emptyset\}\}, \{\emptyset, \{\emptyset\}, \{\emptyset, \{\emptyset\}\}\}, \ldots$$

というファジーでない集合の列を, ファジーな集合でマネした列が作れれば, そのようなファジー集合の列にもとづいて定義される自然数は, 本質的にファジーな, すなわち曖昧な性質をもち, ファジーな, すなわち曖昧な相互関係にあるということは十分考えられる.

第6章
確実性と必然性

自然数一般の本質については，まだはっきりわからないことがいろいろあるが，個々の自然数については多くのことがわかっており，かつ，そのわかり方はかなり確固としたわかり方である．自然数についてのわたしたちの知識を，物体についての知識とくらべればそれがはっきりするだろう．この章では，自然数と物体についての，わたしたちの認識論的態度の決定的ちがいについてくわしく検討することにしよう．

1　物体に対する自然数の優越性

リンゴの木が1本あるとしよう．そして，あなたがその木になっているリンゴをかぞえて，「88個」という答えを出したとする．さらに，わたしがそのおなじ木からリンゴを2個もぎとって，「88マイナス2は86なので，木には86個のリンゴがなっている」といったとしよう．だが，そのあと，木になっているリンゴをあなたが再びかぞえた結果が「87個」だったとしたら，何かがまちがったはずだが，わたしたちは何がまちがったと思うだろうか．わたしがもぎとったリンゴの数はたしかに2だという前提にたてば，いくつかの選択肢が考えられる．

(1)　あなたが，最初かぞえまちがえた．
(2)　あなたが，2度目にかぞえまちがえた．
(3)　わたしの「88－2＝86」という計算が，まちがっていた．

これら3つのほかに，組み合わせによるさらなる可能性もある．

(4)　(1) かつ (2)．

(5)　(1)かつ(3).
    (6)　(2)かつ(3).

　これらの選択肢のうち，普通の人なら(1)か(2)またはその両方すなわち(4)をとるだろう．(3)はとらないだろう(よって(5)や(6)も普通の人はとらないだろう)．もう1度かぞえなおすよう，あなたに頼むのが普通だ．もう1度「88−2」を計算しなおすよう，わたしに頼むのは普通ではない．「88−2＝86」という等式の信ぴょう性は，リンゴをかぞえるというあなたの行為の結果の信ぴょう性をはるかに上回る．前者を犠牲にして後者を守ろうとするのは尋常ではない．それはなぜなのだろうか．

　その問いの答えに行きつくための1つのアイデアは，知覚への依存性をもち出すことである．あなたは，木になっているリンゴをかぞえるとき視覚にたよっている．リンゴ1つ1つそれぞれに1からはじめて自然数を割りあてるためには，そのたびに視覚によってリンゴを確認する必要がある．視覚でなく触覚でもいいが，おなじリンゴを2度かぞえてしまう危険性が高くなるかもしれない．とにかく何らかの知覚でリンゴを認識しなければ，かぞえることはできない．

　それに対して，88から2をひくという行為には，視覚も触覚もそのほかのいずれの知覚もいらない．五感をすべて閉じても，その引き算は頭の中でできる．そもそも，88と2という自然数は五感で認識できるようなものではない．みたり触れたりすることは不可能だし，聞いたり，嗅いだり，味を感じたりするなどということは，不可能であるのみならず無意味でさえあるといえるだろう．自然数が音を出すとか，自然数に匂いや味があるということが，どういうことなのか意

味不明だからである．五感による知覚で認識できないのならば，わたしたちは自然数をいったいどうやって認識しているのだろうか．

2 アプリオリ

わたしたちに「88−2＝86」という計算ができるということは，あきらかである．それができるためには，すくなくとも 88 と 2 と 86 という自然数を認識する必要があるが，その認識は知覚によるものではない．知覚経験の対象になりうるものは物体だが，自然数は物体ではないからだ．自然数は空集合 ∅ をもとにして作られる集合だという目下の背景にかんがみれば，自然数の認識はそのような集合の認識にほかならないので，物体の存在を前提としないそのような集合――「純粋集合」と呼ぼう――の認識がいかにして可能かという問いに直面する．

個体にかんするいかなる知覚にもたよらない認識を「アプリオリ」な認識という．純粋集合の認識はアプリオリであり，自然数は純粋集合なので，自然数の認識はアプリオリである．88 ひく 2 は 86 という計算をするのに，その 3 つの自然数のアプリオリな認識以外に個体や一般的状況の認識はいらないので，88 から 2 をひいた結果は 86 であるという知識も「アプリオリ」と呼べる．

ここで大事なのは，アプリオリ性を先天性と混同しないことである．生まれたばかりの赤ん坊には，88 ひく 2 は 86 という計算はできない．「88 ひく 2 は 86」という日本語の文を理解することさえできない．「88」，「2」，「86」という数字や「ひく」，「は」という言葉の意味もわからない．まして数学の言語など知らないので，「88−2＝86」とい

う等式は理解できない．日本語や数学の言語を習得するには，日本語や数学の言語を使っている人々にふれて模倣と修正の繰り返しの過程をへる必要がある．つまり知覚が必要だということだ．赤ん坊ではなく大人の場合でも，新しい言語の習得には，教科書を読むとか，ビデオをみたりオーディオを聞いたりすることが不可欠である．つまり，誰にとっても，日本語や数学の言語を習得するには知覚経験がいるということだ．

　しかし，だからといって，わたしたちがもっている 88 ひく 2 は 86 だという知識（88－2＝86 だという知識）がアプリオリでないということには，さらさらならない．その知識は先天的ではない，すなわち，もって生まれた知識ではない，ということはたしかである．その知識が先天的でないのならば，なぜアプリオリではないといえないのだろうか．それは，その知識が先天的でない理由を考えればわかる．その理由は，いうまでもなく，「88」や「ひく」など，その知識に必要な概念の所有が先天的でないからである．わたしたちは，はなからそのような概念をもって生まれてきたわけではないので，そのような概念は習得してはじめて所有できるのだが，習得するには知覚経験が必要になる．それが，88 ひく 2 は 86 だという知識が先天的でない理由である．ということは，それらの概念習得のために知覚経験が必要だということが，その知識の先天性をこわすということだ．概念習得が知覚を要求するならば，問題になっている知識は先天的ではない．しかし，同様のことはアプリオリ性にはいえないのである．

　概念習得が知覚を要求するからといって，問題になっている知識がアプリオリではない，ということにはならない．なぜなら，先天性が知識の起源にかんする性質であるのに対し，アプリオリ性は知識の正

当化(なぜ真なのかの根拠づけ)にかんする性質だからである．木からリンゴを2個もぎとったあと，わたしが88ひく2は86だと主張するとき，わたしはその主張に必要な「88」や「ひく」などの概念をすべてもっている．それらの概念の習得は，かなり前にすでに終わっている．そのうえで，88ひく2は，85でも87でも，そのほかの自然数でもなく86である，と主張するのである．その根拠は何か．知覚経験ではない．リンゴを88個みたとか2個さわったなどの知覚経験は，なぜその主張が正しく主張の否定が正しくないのか教えてはくれない．

　これを，アプリオリではない知識の例とくらべれば，そのちがいがはっきりする．「リンゴ」や「ミカン」や「収穫量」などの概念を(後天的に)習得したあとで，「日本でのリンゴとミカンの収穫量は，どちらが多いだろう」と自問したとしよう．それに自答するには何らかの知覚経験が欠かせない．アームチェアにすわって頭のなかで考えているだけでは答えは出せない．専門家に聞くとか，図書館で調べるとか，インターネットで検索するとかする必要がある．そして，そうして得られる情報は，最終的には，各都道府県の農業関係者による，リンゴやミカンの収穫量を測ってその結果を記録するという行為によって正当化されている．この意味で，「日本での収穫量はミカンのほうがリンゴより多い」という知識はアプリオリではないのである．概念習得が後天的だろうがなかろうが関係ない．その知識の正当化が知覚を要求すればアプリオリではなく，要求しなければアプリオリなのである．

　自然数論の命題の知識がアプリオリだということは，自然数論の命題は知覚経験によって正当化されるのではないということだが，これは，自然数論の命題の知識がいかにして正当化されるのかポジティブなことは何もいっていない．知覚経験によらない正当化などというも

のがあるのだろうか．あるならば，アプリオリな正当化があるということなので，そのような正当化がどういう正当化なのか問うことができる（自然数論における証明については第8章で検討する）．しかし，そのような問いには満足のいく答えなどない，と考える人はすくなくない．そういう人は，アプリオリな正当化などない，すなわち，すべての正当化は何らかの知覚経験を要する，という立場をとる．そうすると，アプリオリな正当化をポジティブに性格づける必要はなくなるが，別の必要性が出てくる．自然数論の命題の知識の正当化に，知覚経験がいかにかかわっているのかをポジティブに性格づける必要性である．88ひく2は86だという知識が，五感によっていかに正当化されるのか説明しなければならない．

3 アポステリオリ

「アプリオリでない」という代わりに「アポステリオリである」ということにしよう．たとえば，「自然数論の命題の知識はアプリオリではない」という代わりに「自然数論の命題の知識はアポステリオリである」といい，「88ひく2は86だという知識はアプリオリに正当化されない」という代わりに「88ひく2は86だという知識はアポステリオリに正当化される」というのである（その知識が何らかの形で正当化される，という前提の上に立っているのはいうまでもない）．

88ひく2は86だという知識の正当化がアポステリオリだとしても，それは，ミカンの収穫量がリンゴの収穫量より多いという知識のアポステリオリな正当化とおなじ種類のアポステリオリな正当化だとは思えない．後者の正当化のように知覚経験に直接依存するような正当化

は，前者にはあてはまりようがない．ミカンやリンゴとちがって，自然数は知覚によって直接認識することはできないからだ．2個のリンゴを知覚することはできる．リンゴが2個あるという状況を知覚することもできる．だが，2という自然数そのものを知覚することはできない．

なので，もし88ひく2は86だという知識の正当化がアポステリオリだとすれば，その正当化は，知覚経験に間接的に依存するたぐいのものでなければならない．ここで自然科学が登場する．

ボールを水平に投げれば，ある距離飛行してから着地する．投げる力が強ければ強いほど，ボールの飛行速度は増し，その結果着地点は遠くなる．ボールが秒速11 kmを少々超えるスピードで飛行するくらいの力で投げれば，そのボールは着地しない．地球の重力場をのがれて宇宙空間へ飛び去っていく（太陽の重力場からはのがれられない）．

これは物理学が教えてくれることだが，物理学者はどうやってこれを発見したのだろうか．こまかい発見経路はここでは重要ではない．ここで重要なのは，物体の飛行についての諸々の観測や実験にもとづいた理論形成・実証・修正のくりかえしが必要だった，ということである．そのためには知覚経験が不可欠である——すなわち，そうして得られた知識はアポステリオリである——のみならず，数を使った計算をしなくてはならない．つまり，地球脱出速度（「第2宇宙速度」ともいう）が秒速11.186 kmだという知識の正当化は，アポステリオリであると同時に数論にも依存しているというわけである．

地球脱出速度は一例にすぎないが，物理学がわたしたちにあたえてくれる知識はどれも同様の種類の正当化にもとづいている，ということを端的にしめす例である．アポステリオリな知識を生み出す物理学

は，数論なしでは成り立たない．つまり，数論は，アポステリオリな物理学的知識を得るために必要不可欠な要素なのである．そして，これは物理学にかぎったことではない．自然科学一般にいえることである．数の計算をまったくしないで自然科学の研究をしろ，といわれても無理である（さらに，自然科学だけではなく社会科学あるいは人文学にさえ数の計算は必要だ，という意見も見落としてはならないが，ここでは話を簡単にするために自然科学のみに焦点をしぼる）．この状況を数論の立場からみた場合，自然科学的知識を可能にするということが数論的命題の知識の正当化になるのではないか，というアイデアが浮かぶのはもっともである．そのアイデアを採用して，自然数論的命題の知識は，アポステリオリな自然科学の一環として欠かせないという意味でアポステリオリである，と主張する立場を「自然数論の自然主義」という（自然数論と自然科学の密接な関係については次章2節でさらに述べる）．

　自然数論の自然主義によれば，88ひく2は86だという知識は，間接的に知覚経験にもとづいているといえるのである．その知識は，まず数論全体の知識の一部として正当化され，さらに数論自体はアポステリオリな自然科学に不可欠な要素として正当化されるので，その知識は間接的に（二重に間接的に）アポステリオリに正当化されるというわけである．この立場によると，木になっているリンゴの数についてのあなたの主張と，88ひく2は86だというわたしの主張は，ともにアポステリオリである．

　自然数論の自然主義は，受け入れるに値するだろうか．「値しない」という意見をもつ人はすくなくない．そういう人は，本章の1節でみた，木になっているリンゴの数についてのあなたの主張と，88ひく2

は86だというわたしの主張はおなじ重さをもたない,という点を重要視する.あなたの主張とわたしの主張がくいちがった場合,わたしの主張が否定されることはない.否定されるのは,あなたの主張にきまっている.自分がもぎとったリンゴの数を,わたしがまちがえているという可能性ももちろんあるが,それもアポステリオリな主張にかんするまちがいの可能性なので,わたしがもぎとったリンゴの数は2だという主張は,88ひく2は86だという主張を犠牲にしてまで確執すべき主張ではない.経験的内容の命題と簡単な自然数論の命題が相いれない場合,否定されるべきなのは常に前者である.よって,両者を同等にあつかう自然数論の自然主義は受け入れられない,というわけだ.

　リンゴやミカンという物体と,88や2という数論的実体(集合と言い切ってもいい)のあいだの本質的なちがいを認めるかぎり,前者についての経験的命題と後者についての数論的命題(集合論的命題)を知識の理論において同等にあつかうのはむずかしい.この理由から,自然数論の自然主義者は,88や2が数論的実体として存在するということを否定するのが普通である.88や2の存在自体を否定するのである.つまり,数論は存在者についての理論ではない,とする立場をとるのである.これは驚くべき立場だが,意外に多くの支持者をもつので,章を変えて検討しようと思うが,そのまえに,自然数論の命題の知識についての話とは区別されるべき,自然数論の命題の真理についての話を手短にしよう.

4 抽象性と存在

88 ひく 2 は 86 であるという知識は認識論 (知識の理論) のトピックだが, 88 ひく 2 は 86 であるという真理は形而上学のトピックである. もちろん, 88 ひく 2 は 86 であるという知識は, 88 ひく 2 は 86 だという真理の知識にほかならないので, 認識論は形而上学を前提にする. それに対して, 形而上学は認識論を前提にしない.

自然科学の知識にくらべて自然数論の知識は確実性が高いが, 自然科学の命題にくらべて自然数論の命題は, 真理の様相も強い. どういうことかというと, 自然科学の真理がもたない必然性を自然数論の真理はもっている, ということである.

現実には, ニュートン力学ではなく一般相対性理論が真だが, 一般相対性理論ではなくニュートン力学が真だったということは可能である (一般相対性理論は真ではないと思う人は, 真だと思う別の自然科学理論を考えよ). これは, 現実世界で未来に驚くべき新しい証拠が発見されて結局ニュートン力学が正しいということになるかもしれない, という意味ではない. それは認識的可能性である. ここで意味されているのは, そうではなく形而上的可能性である. 現実世界についてのわたしたちの知識が「これこれ」だったかもしれないという意味ではなく, 現実世界では「これこれ」だが, 非現実可能世界では「これこれ」ではない, という意味の可能性である. わたしたちの「これこれ」にかんする知識または無知は問題になっていない. わたしたちとは独立に「これこれ」の真理が問題になっているのである. この意味で, 88 ひく 2 は 86 だという命題は必然的である. すなわち, 現実

世界では真だが非現実可能世界では真ではない，ということはない．現実世界で88ひく2が86であるならば，すべての可能世界で88ひく2は86である．

　ニュートン力学や一般相対性理論に代表される自然科学理論は，物体についての理論である（空間または時空も広い意味で物理的実体なので物体とみなせる）．それにくらべて自然数は物体ではない．これが自然数論の認識論を自然科学の認識論から分けるのに役立つのだが，自然数論の真理を自然科学の真理から分けるのにも役立つ．自然数の非物体性，抽象性が自然数にかんする真理を必然的にする．

　だが，これはなぜなのだろうか．なぜ，抽象性が必然性を含意せねばならないのだろうか．これは本書であつかうにはスケールが大きすぎる問題なので，「抽象性は時間・空間内での非存在を含意し，時間・空間内での非存在は因果関係への不参加を含意するからだ」とだけいって，前に進むことにしよう．

第 7 章
自然数のフィクショナリズム

自然数は存在しない，といわれれば「そんなバカな」というのが，ごく自然な反応だろう．ミカンが3個あれば，3という自然数が(基数として)存在するのはあきらかではないか．レイコが4番目にフィニッシュしたならば，4という自然数が(順序数として)存在するのは自明ではないか．縦2 cm，横5 cmの長方形の面積は10 cm²だが，それを「2×5」と計算するとき，2と5という自然数が存在しなかったら，その計算は無意味になってしまうではないか．「そうではない」と，自然数論の自然主義者の多くはいうだろう．いかにして「そうではない」といえるのかを本章でみることにしよう．

　自然数はフィクションだと主張する，というのが1つの立場である．カッパがじっさいに存在するものではなく，カッパ伝説で描写されるフィクションの世界にのみ存在するものであるのとおなじように，2という自然数もじっさいに存在するものではなく，自然数論で述べられるフィクションの世界にのみ存在するものだ，とするこの立場は「自然数のフィクショナリズム」として知られ，自然数論の自然主義のなかでも無視できない数の支持者がある．カッパは一例にすぎず，ユニコーン，ロミオとジュリエット，シャーロック・ホームズ，アン・シャーリー(『赤毛のアン』)など，存在しないフィクショナルなものは多い．同様に，2にかぎらずそれ以外の自然数も，すべて存在しないフィクショナルなものだとされるのである．

　そもそも自然数が存在しないならば，「物体でない実体としての自然数はいかにして存在しうるのか」とか「自然数が存在するためにもたねばならない性質や関係は何か」などといった自然数についての形而上学的問いは的を失うことになる．よって，そのような問いは擬似問題としてしりぞけられ，自然数論の形而上学は，その分だけ楽にな

る.

そのような自然数のフィクショナリズムが, 本章のトピックである.

1 フィクションとノンフィクションのちがい

自然数のフィクショナリズムをきちんと論じるためには, まずフィクション一般について基本的な論点をおさえておく必要がある. フィクションの物語は, 小説, 戯曲, 詩, 舞台, 映画, テレビ番組, ラジオ番組などいろいろな形態をとりうるが, そのすべてに共通なのは, 現実世界の状況やできごとを忠実に描写しようとする作者の意図の欠如である. それがフィクションをフィクションたらしめ, ノンフィクションから区別する要因である. 『不思議の国のアリス』を書いたルイス・キャロルは, アリスにじっさいにおきたできごとを忠実に語ろうという意図をもってその著作を書いたのではまったくない. そういう意図がなかったばかりか, じっさいにおきたできごとではないできごとを語ろうという意図があった. フィクションを創作するということは, そういう意図で物語を創作するということである.

アーサー・コナン・ドイルによる一連のシャーロック・ホームズ小説は, 主人公ホームズをヴィクトリア朝ロンドンのベイカー街の住人として描写しているが, じっさいのベイカー街住人録にホームズが載っていないからといって, ドイルが嘘つきだとか, 彼のシャーロック・ホームズ小説の価値がさがるということにはならない. 現実世界がいかにあるかについて教えてくれるというノンフィクションの価値はフィクションにはないし, そのような価値は(常識がある人は)誰も求めていない. ではフィクションの価値とは何なのだろうか. ヴィク

トリア朝イギリスで何がおきていたのかを知るのに役に立たないとしたら，いったいシャーロック・ホームズ小説は何の役に立つというのだろう．

　すぐに頭にうかぶのが「娯楽」である．その内容が現実のできごとに制約されるノンフィクションとちがって，フィクションは現実性の制約・制限なしに，わたしたちを楽しませるという目的に特化した手法で制作されうるという利点がある．それにより，ノンフィクションにくらべて，娯楽提供という結果を生みやすいし，提供された娯楽の質も制作者(著者，監督，演出家など)の制御がききやすい．ノンフィクションが娯楽のもとになりえないなどというわけでは，もちろんないが，ノンフィクションのノンフィクションたる本質は，現実世界のありようによる制限内での記述・描写という本来の目的が，娯楽提供をはじめとする，それ以外の目的に大きく先立つということなのである．

　ノンフィクションでないということ，現実世界のありように制限されない内容をもちうるということは，現実世界から積極的に離れることができるということだ．現実世界を意図的に無視することができるということである．現実世界のどの部分どの側面をどれだけ無視するかは，制作者しだいであり，それが娯楽という目的に制約されることはいうまでもない．シャーロック・ホームズを(人間としてではなく)火星人として描写したならば，探偵小説としてのシャーロック・ホームズ小説の娯楽性は落ちたことだろう．また，彼が住む場所を(イギリスの大都市ではなく)グリーンランドの一集落として描いたとしたら，それも同様の結果を生んだことだろう．さらに，ジョン・ワトソンの代わりに(現実世界ではロンドンに居住したことがなかった)森鷗

外をホームズの相棒として登場させたとしたら,娯楽性はもとよりシャーロック・ホームズ小説の全体的色合いがガラリと変わっていただろうということに疑いはない(ワトスンはフィクションだが鷗外は実在した人物だというちがいは無視できないし,そもそもコナン・ドイルは森鷗外をしらなかったという事実がこの可能性を現実からかけ離れたものにしている).

娯楽と深い関係にある,フィクションのもう1つの価値は「現実逃避」であろう.現実逃避は,娯楽性を高めるという二次的な役割をもつとともに,それ自体で独特の価値をもつといえる.娯楽になろうがなるまいが,現実からの逃避は心理的な解放感をあたえる.恒常的に現実逃避に耽溺するのは病気だが,たまに短時間たしなむ現実逃避は,それ自体無害であるのみならず,日常のルーティーンの倦怠感を癒す効果が期待できる.フィクションのなかでも,現実世界からの離脱が特にきわだつサイエンス・フィクションは,現実逃避を容易にして,この効果を増大しやすくする.

もちろん,フィクションの価値は娯楽と現実逃避にかぎられるわけではない.人間本性,またはさらに,一般にものごとの本質への洞察力を高める助けになりうるという価値もある.本性や本質に直接かかわりのない偶発的要因を切りすてることによって,わたしたちの本性や,わたしたちを取りまく環境やできごとの本質に肉薄できるのは,現実世界のありようという制約から自由であるフィクションの特権である.

さて,フィクションについてのこのような認識が,自然数のフィクショナリズムの理解をどう助けてくれるのだろうか.まず最初にあきらかにすべきなのは,自然数のフィクショナリズムは,「自然数を主

人公とするフィクションを誰か特定の著者が書いた」と主張してはいないということである．その意味では，小説や戯曲よりも神話や伝説に似ている．だが神話や伝説の登場人物と彼らの冒険譚が地域や文化圏ごとにちがうのに対し，自然数のフィクションは万国共通であり，火星人がいたとしたら，火星でもおなじだったことだろう．

　もちろん自然数は人間でもなければ動物でもないので，冒険などしないし，おたがいに口もきかない．そもそも物体ではないので，形もなければ，時空内の位置もない．何があるかというと，相互関係である．たとえば，自然数のフィクションに「3たす4は7である」という記述があるとすれば，それは3と4と7のあいだの関係を述べているのであり，「5の2乗は3の4乗より小さい」は5と2と3と4のあいだの関係を述べている．それ以上のことはしていない．

　また一見ただ1つの自然数の性質を述べているだけでほかの自然数との関係は述べていないようにみえる記述も，よく考えると，そうではないことがほとんどである．たとえば，「17は素数である」は17というただ1つの自然数の性質を記述しているが，その性質はほかの自然数すべてに暗黙裡に言及する性質——すなわち，1と17以外のいかなる自然数 x と y についても17は x と y の積ではない，という性質——にほかならない，関係的な性質なのである．

　だが，自然数の相互関係を暗黙裡にさえ述べていないような記述もあるように思われる．たとえば「0は自然数である」は0以外のいかなる自然数にも言及していないのではないか．そのとおりである．0が0以外の自然数とどのような関係にあろうがあるまいが，0は自然数である．デーデキント・ペアーノ公理は，ほかのいかなる自然数に言及するよりも先に0を自然数だといっている．これは，これでいい

のである．なぜなら，それは自然数のフィクションのはじまりにほかならないからだ．「昔むかし，おじいさんとおばあさんがいましたとさ」という昔話のはじまりと似ている．

　おじいさんやおばあさんとは何かということは，昔話に先立ってわかっていることだが，自然数が何かということは，自然数のフィクションに先立ってわかっていることではないので，自然数の定義からはじめる必要があるのである．そしてその定義は，デーデキント・ペアーノ公理系によると，0からはじめて，後者関数にもとづいてあたえられる．つぎに足し算の定義があたえられ，掛け算が足し算のくり返しとして定義される．そこから割り算や累乗など，そのほかのいろいろな関数が順番に定義される．

　さらに，自然数のペアとして有理数が，有理数の集合のペアとして無理数が定義される．有限の自然数はいくつあるかという問題の答えとしてアレフ・ゼロが登場し，実数はいくつあるかという問題の答えとして c が踊り出たあと，アレフ・ワンと c の関係についていろいろ述べられることになる．おじいさんとおばあさんの年齢差が定かでない昔話が珍しくないように，アレフ・ワンと c の大小関係は定かではない．連続体仮説の真偽が定かでないのは不思議でも何でもなくなるのだ．

　0を筆頭とする自然数のフィクションは，このようにしてすべての数を網羅する数のフィクションとなり，神話・伝説その他のフィクションと肩を並べる．では，自然数のフィクションの価値は何なのか．自然数のフィクションは何の役に立つのか．

2　自然数の有用性

　普通のフィクションの価値は，娯楽，現実逃避，人間本性や物事の本質への洞察をわたしたちにあたえるのに役立つということだった．自然数のフィクションの価値もおなじなのだろうか．

　自然数（そして数一般）のフィクションに娯楽をもとめる人はいるが，その数は多いとはいえないだろう．デーデキントやペアーノの著作をエンターテイメントとして読める人はすくない．高速カーチェイスや宇宙人対地球人の攻防に興奮する人々は，整数と分数はおなじ数だけあるとか，アレフ・ゼロに 17 を足してもアレフ・ゼロより大きくならないとかいわれても，おなじように興奮するとはかぎらない．自然数のフィクションの娯楽性は，一般的にかなり低いといわねばなるまい．すくなくとも，万人にうける広いアピールに欠けるということは否定できない．

　では現実逃避については，どうか．これは，普通のフィクションより，まさっているだろう．物理的な時間・空間から独立の実体としての自然数についてのフィクションほど，物理的制約にしばられた現実から逃避するのに恰好なファンタジーはないだろう．娯楽性を欠く理由こそが，現実逃避性に富む理由になっているとさえいっていいかもしれない．

　人間の本性がしりたいので自然数論の本を読む，という人は多くない．皆無かもしれない．それは，もっともなことだ．時空における存在をもたない実体の話をいくらきいても，その話がいくらおもしろくても，人間とは何かについて直接的にはもちろん，間接的にもトリヴ

ィアルでない洞察を得ることはできないだろうと思うのが普通だからである.

物体の本質についても,同様のことがいえそうだと思う人がいるかもしれない. 物体すなわち物理的個体は, 物理的時空内に存在する物なので, 時空とは独立の自然数についての話は, 物体について何も教えてくれず, ましてや物体の本質にせまることなどありえないと思うかもしれない.

だが, それはちがう. そう思うのは完全なるまちがいである. 自然数のフィクションは, 物体とその行動の本質の探求には欠かせない役割を果たしている. そして人間が物体である以上, 自然数のフィクションは人間の本性についてもすくなからず語ってくれるはずである(人間の心理現象という自然現象をあつかう心理学は自然科学だということを忘れてはいけない). これは一部の人には意外かもしれないが, 前章でみたように, 物理学に代表される自然科学の方法は自然数論なしにはありえないし, 自然数を使わなければ自然界を完全に記述することはできない, ということに気づけば即座に納得がいくだろう. さらに, 自然科学の応用であり日常生活に大きな影響力をもつ工学を, 自然数論なしでやれという要求は, 真に受けることができない突拍子もない要求だということは誰の目にもあきらかであり, このことは自然数のフィクションの実用性の広さと深さを如実にしめしている.

地球表面近傍での物体の動きや宇宙空間における惑星の動きをこまかく観察して, その法則性を発見するには数を用いる以外の方法はない. ガリレオやケプラーに, いっさい数を使わずに物理学の仕事をせよと命じたとしたら, 彼らになす術はなかったことだろう. 白金の原子番号は78だとか, 電子の電気量は約(マイナス)1.602×10^{-19} クー

ロンだとかいうとき，わたしたちは白金や電子の性質をいいあらわしているが，それらの性質は白金と電子に本質的な性質であって，「78」と「1.602」という数なしでは適切にあらわせない．元素や素粒子の本質の表現に数の使用は欠かせない．

　そういう本質をあきらかにするために使われる自然科学の方法は，多々の種類の実験や観測における測定に依存するが，測定結果は測定値として数字で表記される．そうして得られた数的データにもとづいて推測・予測がなされ，さらなる実験や観測がおこなわれてさらなる測定結果が得られる．そうした繰り返しの結果いきつく先は，あるていどの体系性と一般性をもった理論の構築である．そしてその理論がさらなる実験・観測にさらされ確証または反証される．このプロセスが一様であることはほとんどなく，前もって予測できない方向に展開することも稀ではない．自然数のフィクショナリズムにとって大事なのは，そうしたプロセスの細部ではなく，そうしたプロセスは自然数論という基礎があってこそおこりうるのだという事実である．これは，もちろん自然科学の特許などではなく，社会科学やあるていど人文学でも，とくに統計的処理という方法を用いるなどする場合あきらかな状況である．

　自然数のフィクションの工学的有用性は歴然としている．川に橋を架けるプロジェクトで，いっさい自然数を使わなければ，設計図を描くための準備の計算もできないし，そもそも川の幅や深さなど基本的な情報を得ることもできない．工学的プロジェクトなどという大げさなことだけではない．3人家族の1か月の食費を決めるのに自然数を使ってはならないといわれたら，家計を取り仕切ることができなくなるだろう．夕食の買い物の記録さえ不可能になる．

わたしたち個人の生活，人間社会の存続，人類の業績は，すべて自然数のフィクションなしには不可能なのである．すべてのフィクションのなかで，これほど広く深い有用性をもつフィクションはほかにあるまい．特定の小説や戯曲や映画はもちろん，特定の神話や伝説なども，その有用性のスケールと重要性は比較にならないくらい微小である．自然数のフィクションの実用価値は，いくら強調しても強調しきれない．

3 話がうますぎる

というわけで，自然数のフィクションは非常に広い分野での高度の有用性という価値があるということがわかった．ところが，この価値が大きければ大きいほど，じつは，自然数論のフィクション性は薄れてしまうのである．それがなぜかは，「有用性」という概念を吟味すればわかる．

米沢から米子へ行きたいので隣人に相談すると，こういわれた．「太平洋側に出て太平洋西南自動車道にのって南下し，南陸自動車道，歌亀老広自動車道，端県自動車道，麦親自動車道を経て海陽道を行けばいい」．その指示に従って米子をめざすが，まったく行けない．そもそも，そういう名称の道路が見つからない．あきらめて米沢に戻って，今度は旅の専門家に相談すると，こういうアドバイスがかえってきた．「日本海側に出て日本海東北自動車道にのって南下し，北陸自動車道，舞鶴若狭自動車道，中国自動車道，米子自動車道を経て山陰道を行けばいい」．そのとおりに車を走らせると，米沢から米子までちゃんと行けた．

この場合，隣人のアドバイスと専門家のアドバイスの，どちらがフィクションで，どちらがノンフィクションだというべきだろうか．答えはあきらかだ．専門家のアドバイスがノンフィクションで，隣人のアドバイスはフィクションである．その理由もあきらかだろう．専門家のアドバイスは，米沢から米子までの交通網のリアリティーを正確に反映しているので，それにしたがえば米沢から出発して米子へ到達するという目的達成の役に立つのに対し，隣人のアドバイスは，それにしたがっても米沢から出発して米子へ到達できないどころか，そもそもそれにしたがうことさえできないほどに，米沢から米子までの交通網のリアリティーからかけ離れた内容だからだ．つまり，リアリティーに即したアドバイスはノンフィクションで有用であり，リアリティーに即さないアドバイスはフィクションで使い物にならないということである．

　これを自然数論にあてはめてみよう．川に橋を架けるにあたって隣人に相談すると，「川の幅は 50 m なので，5 トンの材料があれば水面からの高さが 5 m の橋が作れるだろう」という．その言葉にしたがって橋を作ろうとすると，最初から頓挫してしまう．そこで橋建設の専門家にきくと，「川の幅は 350 m なので，50000 トンの材料を使って水面からの高さ 100 m の橋を作るのがいいだろう」という．その言葉と，さらなる専門家のアドバイスにしたがってプロジェクトをすすめると，橋がきちんと完成した．隣人のアドバイスはリアリティーに即していないフィクションで役立たずであり，専門家のアドバイスはリアリティーに即したノンフィクションで有用である．

　「メートル」という長さの単位を固定すれば，川の幅はその単位の 350 倍であり 50 倍ではない．350, 50 という自然数を川という物理的

現実の測定に適用するとき,その測定がフィクションならば橋はできない.自然数を工学で有効に使うためには,物理的リアリティーの測定値をあたえる自然数はフィクションではダメなのである.あたりまえの話だ.

もう1つ例をみよう.カフェであなたとわたしを含めた6人が,1つのテーブルについているとしよう.そのうち2人がブロンド,2人が赤毛,2人が黒髪だとする.ブロンドの2人がチーズケーキを,赤毛の2人がキャロットケーキを,黒髪の2人がチョコレートケーキを注文し,その支払金額の合計が1800円だったとする.割り勘にするという合意のもとで,わたしが「ケーキは全部おなじ金額なので,わたしの払い分は250円なのだ」といったとすれば,あなたたちは抗議するだろう.6つのケーキが同額ならば,1つあたり300円なので,(ほかの5人が300円ずつ払って)わたしが250円しか払わなければ,カフェを無事には出られない.

わたしのケーキが250円だ,というのはフィクションである.そのフィクションにもとづいて行動するならば,思うとおりの行動はできない(カフェのオーナーにとがめられ,逮捕されるかもしれない).わたしのケーキは300円だというのはリアリティーに即しているので,それにしたがって行動すれば問題ない.

川の幅が50mだというのは,まちがっている.ケーキが250円だというのも,まちがっている.両方とも客観的にまちがっているのである.リアリティーからはずれている.事実に即していないのである.ここでいう事実とは,自然数(350)と物理的事態(川の幅のメートル測定)の関係や,自然数(300)と商業的事態(ケーキの値段)の関係のことである.もし自然数のフィクショナリズムが主張するように,自然数

にかんする話がフィクションならば，そういう客観的事実は無視していいはずである．ヴィクトリア朝ロンドンのベイカー街にシャーロック・ホームズという私立探偵は住んでいなかったという客観的事実や，平安時代の京都に光源氏という公卿は住んでいなかったという客観的事実を無視してもまったく問題ないのは，コナン・ドイルと紫式部の話が小説というフィクションだからである．

　じっさいの生活のなかでいろいろな形で自然数を使って物事がうまくいっているということは，自然数と物理的リアリティーとの関係についてわたしたちが前提していることはまちがっていない，客観的に正しいということである．つまり，フィクションではない，ノンフィクションだということである．これが自然数のフィクショナリズムに対する反論でなくて何であろう．自然数のフィクショナリストの立場は放棄せざるをえないように思われる．

4　心

　にもかかわらず，自然数のフィクショナリズムは，そう簡単には論駁されない．自然数論を物理的リアリティーに適用して物事がうまくいくのは，自然数が実体としてリアリティーに存在して自然数論が帰する性質や関係をもつからではなく，そうするのがわたしたち人間にとって自然でもっとも効率がいいからにすぎない，という反論がフィクショナリストからなされるのである．自動車を使えば米沢から米子へ1日で行けるが，自動車を使わなければ米沢から米子へ行くことは不可能だというわけではない．自動車を使えば効率がよく楽だというだけのことである．米沢から米子へ行くという目的達成のために原理

的に自動車が不可欠だ，ということはない．おなじように，川に橋を架けるという目的や，カフェでの支払いを滞りなくすませるという目的のために自然数を使うのは効率がよく楽だが，原理的に必要不可欠なのではない，とフィクショナリストは主張する．もちろん自動車と自然数の比較は完璧ではない．自動車は存在するが，（自然数のフィクショナリズムによれば）自然数は存在しない．にもかかわらず，両者の重要な共通点は，あたえられた目的のために，それを使えば目的達成が効率よくなるが，それを使わなくても目的達成は可能であるということだ，というわけである．

別の，もう少し形而上学的な比喩をあげるとすれば，デカルト的二元論がいいかもしれない．デカルト的二元論によれば，リアリティーに存在する実体には2種類あって，空間内に広がりをもつが思考したり感覚や感情をもつことはない「物体」と，思考したり感覚や感情をもつが空間内に広がりをもたない「心」の2種類である．天体や樹木や建物は物体であり，人間の身体も物体である．だが，あなたやわたしなど人間は，身体と心が合体した複合個体である．物理空間に広がる身体と物理空間に広がらない心がいかにして「合体」できるのかという面倒な問題はさておき，このデカルト的二元論をフィクショナリストの立場から解釈するとどうなるかをみてみよう．

あなたとわたしがカフェの前にいる．わたしがドアを開けると，あなたはわたしの前を通って店内に入る．すなわち，あなたの身体は，カフェの外から，ドアが開かれた入り口を通ってカフェの中へ移動する．あなたの身体という物体のこの動きを，わたしはどのように理解すればいいのだろうか．ごく普通の人間であるあなたの身体がそう動くのをみて，ごく普通の人間であるわたしは，それをこう説明するに

ちがいない.「わたしが開けたドアを視覚によって察知し,入り口が通れる状態になっていることを認知したあなたは,カフェの中に入りたいという思いにかられて,自分の身体をその入り口を横切るように動かす.その結果,あなたの身体は店内に位置するにいたる」.ごく普通のこの説明について,わたし自身はさらに,こう続けるかもしれない.「認知したり,思いにかられたり,身体を操作したりする主体は,ほかでもないあなたの心だ.そして,あなたの心の様子がわかるからこそ,わたしには,あなたの行動が理解できるし予測もできる.もし,あなたの行動を理解し予測するために,あなたの中枢神経系の状態やそこでおきているできごとを把握せねばならないとしたら,脳生理学に無知なわたしにはあなたの行動は不可解で予測不可能となることだろう.わたしにわかるのは,あなたの中枢神経系ではなく,あなたの心である」.

こういうわたしの言葉を,デカルト的二元論者の言葉として解釈することはむずかしくないどころか,ごく自然といえるかもしれない.では,そういう解釈をしたとしよう.その前提にもとづいて,「心のフィクショナリズム」をとなえる哲学者ならば,あなたの行動を理解し予測するためにわたしはフィクションを利用している,と主張することだろう.そういう心のフィクショナリストによると,デカルト的二元論は偽なので,デカルト的な意味での心なる実体は存在しない.よって,あなたにも心はない.ということは,「あなたの心は認知したり,思いにかられたり,身体を操作したりする」というのはあなたにかんするフィクションにすぎない,ということである.にもかかわらず,そのフィクションは有用なフィクションである.そのフィクションの語りにしたがってあなたの身体の動きを理解すれば,あなたの

行動のスムーズな説明がつくし，あなたがつぎに何をするかについての予測もかなり正確にできる．心という，現実にはない単なるフィクショナルな実体を，あたかも現実に存在するかのようにみなし，心についてのフィクションが語る内容を，あたかも現実をそのまま描写しているかのようにあつかうことによって，わたしは，あなただけでなく，わたしの回りにいるほかの人々の言動を適切に理解し予測することに成功している．

　これとまったく同様に，自然数をはじめとして数なるものはじっさいには存在しないが，「自然数は存在する」という自然数のフィクションが語るところにしたがってリアリティーに対処すれば，リンゴを公平に分配することもできれば，みんなが安心して渡れる橋を作ることもできる．

　デカルト的二元論が，非常に疑わしい理論だということは否めない．心は純粋な思考のみならず知覚の主体だとされているが，目や耳などの知覚器官は物体である．そういう物体との因果関係によって心は知覚するのだが，物理空間にない心がいったいどうやって物理的空間内の物体と因果関係をもてるのだろうか．また，心は身体を動かす主体だとされているが，物理空間にない心がいったいどうやって物体である身体を物理空間で動かすことができるのだろうか（こういう問題にはデカルト自身悩まされ，満足のいく答えは出せていない）．（デカルト的な意味での）心が存在しないように自然数も存在しないのだ，とフィクショナリストは主張し，さらに，心のフィクションが有用であるように自然数のフィクションも有用なのだ，と付け足すのである．

5　保守的延長

　心のフィクショナリズムとの比較は，自然数のフィクショナリストにとってかなり便利である．その理由は，心の非存在はほぼ確実だといえるにもかかわらず他人の言動を心のフィクションにもとづいて理解すれば物事がうまくいく，というだけではない．心のフィクションの使用は，プラクティカルには非常に有用だが原理的にはなくてもいい，ということが大事である．現実の目的のために現実に何かをするにあたって現実にないものを想定するのは絶対に必要だ，というのはおかしなことだろう．もちろん，時間，空間，費用，労力，知識などプラクティカルな制限のために，現実にないものを想定せざるをえないということはあるかもしれない．しかし，そうだったとしても，それはあくまでプラクティカルな必要性にすぎず，原理的な必要性，絶対的必要性ではない．つまり，時間，空間，費用，労力，知識などにかんする制限がなかったならば，現実にないものを想定しなくてもいいはずである．あなたの言動について心のフィクションのもとでわたしが得る理解は，心のフィクションがなくても得られる理解を超えることはない，ということである．これを「保守的延長」という．

　わたしは脳生理学に無知なので，あなたの言動を純粋に物理・化学・生理学的な言葉だけで説明し，理解し，予測することはできない．だが，それは単なる偶然的なわたしの至らなさであって，原理的な制約ではない．あなたの中枢神経系についての物理・化学・生理学的事実以外にあなたの身体の動きを決める内的要因はないので，そのような事実がわかればあなたの身体の動きを理解することができるだろう．

そして，あなたの言動を説明し予測することが可能になるだろう．この至らなさは，もちろんわたしにかぎったことではなく，人類全体がもつ知識の限界である．だが，それが原理的に克服不可能な限界だとは思えない．たった1000年前に，現在の脳科学の成果を誰が想像しえたであろうか．

こういう意味で，心のフィクションが原理的に不可欠な理論ではなく，プラクティカルな要請に応じる単なる「方便」にすぎないのならば，そのフィクションから得られる現実世界の理解は，そのフィクションなしでも得られるようなものでなければならない．現実世界についてのノンフィクションに心のフィクションを加えても，加える以前に原理的に得られうる現実世界についての知識以上の知識を現実世界について得ることはできない，ということでなければならない．これが保守的延長の意味である．

これを自然数のフィクションに当てはめてみよう．まず簡単な例からはじめる．マリ，マリエ，マリコ姉妹に18個のリンゴを均等にわけあたえるのに自然数のフィクションを使えば手っとり早い．リンゴをかぞえて「18」という答えを出し，姉妹をかぞえて「3」という答えを出し，前者を後者で割って「6」という答えを出せば，1人当たり6個のリンゴをわけあたえればいいということがわかる．では，自然数のフィクションを使わずに均等にわけることはできるだろうか．

できる．まずリンゴを1つとってマリにあたえる．つぎに，別のリンゴを1つとってマリエにあたえる．さらに別のリンゴ1つをマリコにあたえる．あたえるリンゴがなくなるまで，これをくりかえす．そうすれば，かぞえることも割り算など計算をすることもなくマリ，マリエ，マリコに18個のリンゴを均等に分配できる．自然数のフィク

ションを使ったからといって，使わずにはできないことが成し遂げられるわけではないのである．使わないで分配するよりは短い時間で分配が終了するだろうが，それは単にプラクティカルな利点にすぎない．3人に18個のリンゴを均等にわけあたえるという行為をなすということにかんしては，おなじである．

　カフェでの支払いの例は，これより込みいっている．カフェからの勘定書きに数字がすでに使われているからだ．数字を使うことなく，客に支払うべき額を伝えることはできるのだろうか．意外に簡単にできる．メニューに「チーズケーキ300円」と書く代わりに「チーズケーキ」という言葉の横に100円硬貨が3枚ならんだ写真をのせればいい．100円硬貨の写真は100という自然数でもないし「100」という数字でもない．硬貨の表側に刻まれている「100」という数字が気になるならば，硬貨の裏側の写真にすればいい．そのメニューをみて，チーズケーキを注文した客は自分の財布から写真とおなじ種類の硬貨をとり出してテーブルのうえにおく．つぎに，また財布から写真とおなじ種類の硬貨をとり出してテーブルのうえにおく．さらに，その動作をくりかえす．テーブル上の硬貨のありようがメニューの硬貨のありようとおなじになったところで，やめる．ここで，「硬貨のありよう」を「硬貨が3枚ある」という状態だと認識する必要はない，ということに注意しよう．「硬貨があって，その左隣に硬貨があって，その左隣に硬貨があって，そのほかの硬貨はない」という状態として認識すれば十分である．そういう認識に自然数の概念は要求されない．「硬貨」，「左隣」，「ある」，「ほか（≠）」という概念があればいい．

　橋の建設の例は，リンゴの分配やカフェでの支払いより複雑だが，原理的には同様のアイデアにもとづいて自然数のフィクションの使用

をさけることが可能であると思われる．自然数を使わずに橋を架けることは，じっさいには完全なる無駄と思えるほど膨大な手間がかかりまったくプラクティカルではないだろうが，保守的延長は原理的可能性の問題であってプラクティカリティーの問題ではないということを忘れてはならない．

6　紫の上は存在する

　というわけで，自然数が存在し物事の量の計測に関与しているという話は，心が存在し身体の動きに関与しているという話とおなじように，プラクティカルには有用だがじつはフィクションである，という自然数のフィクショナリズムは安泰にみえるかもしれない．だが，思いもよらない方向から反論が出てくるのである．それは，フィクション一般についての存在論からの反論である．

　10世紀までに書かれたどのフィクションの人物よりも，人間心理に深い洞察をもって描かれた11世紀のフィクションの人物がすくなくとも1人存在する．『源氏物語』の知識が少しでもある人なら，これは驚くにはあたらない命題だろう．だが，この命題が真ならば，いろいろな命題が論理的に含意される．たとえば，「11世紀にフィクションが書かれた」という命題や，「あるとき人間心理に深い洞察をもってフィクションが書かれた」という命題などである．含意されるそうした命題のなかでも，ここで重要なのは「フィクションの人物がすくなくとも1人存在する」という命題である．これは「何々が存在する」という存在命題であり，あきらかに，その「何々」が存在しなければ真ではないような命題である．その命題はじっさいに真なので，

その「何々」すなわちフィクションの人物が，すくなくとも1人存在するといわねばならない．

　似たような議論により，特定のフィクションの人物についてもその存在を肯定することができる．たとえば，「『源氏物語』に登場するフィクションの女性人物で，そこに登場するほかの女性人物のだれよりも21世紀前半の日本人読者に人気のあるフィクションの人物が存在する」は真なので，紫の上（ということにしておこう）は存在する．任意のフィクションの人物について同様の議論を作り上げることができる（マイナーなフィクションの人物については，かなりの努力を必要とするかもしれないが，できないことはない）．つまり，フィクションの人物はすべてじっさいに存在するのだ，という結論を出すことができるというわけである．そう主張する立場を「フィクションの人工物説」という．この説によると，フィクションの人物は，あなたやわたしとおなじように現実に存在するのである．

　これは驚くべき主張だといわねばならない．フィクションのフィクションたるゆえんは，フィクションの人物が存在しないということだと普通わたしたちは思うものだが，フィクションの人工物説によると，そうではない．そうではなく，フィクションの人物は，人工的に作られたという点であなたやわたしとちがっているだけで，存在するという点ではあなたやわたしとおなじである．作者の「創作」活動を文字通り解釈して，作者はフィクションの人物を作る——存在しなかったものを存在させる——のだと主張するのである．つまり，紫の上やハムレットは，紫式部やシェイクスピアによって文字どおり作られた人工物だというのである．

　人間によって作られた人工物はいくらでもある．石器，竪穴住居，

墓，城，ボールペン，飛行機，コンピューターなど，かぞえあげたらきりがない．だが，フィクションの人物は，そのような人工物とはちがって，物体ではない．物理的実体ではなく，抽象的実体なのである．クフのピラミッドや松本城は，みたりさわったりできるが，紫の上やハムレットはみることもさわることもできない．五感による知覚の対象ではない．

　ほかの人工物で同様なものがあるかと聞かれたら，「お金」を例にあげることができるだろう．お金が人工物だということに異論はあるまい．もともと自然界にあったのではなく，人間が作り出したものだということはあきらかだ．お金は紙幣ではない．紙幣を所有していなくてもお金を所有している人はたくさんいる．買い物をしてお金を払うとき，紙幣（や硬貨）を手渡す必要はない．クレジットカードまたはそのほかのエレクトロニクス的な支払い方をしたからといって，お金を払わなかったということにはならない．給与の支払いも，紙幣などの物体をわたすことなくできる．給与受取人の銀行口座の残高の数字を上げる操作をすればいいだけだ．抽象物としてのお金の存在は，社会的な取り決めとその取り決めにしたがうわたしたちの行動によって複雑な形で支えられている．紫の上やハムレットも似たような形で，フィクションの創作，配布，消費にかんする社会一般に受け入れられている取り決めと，その取り決めにしたがうわたしたちの行動によって支えられている．そこで特に重要な2つの因子は，作者の創作活動と読者の読書活動（または観衆の観劇活動など）である．前者がなければフィクションの人物はそもそも存在しはじめることはないし，後者なしでは，存在しつづけることはむずかしい．

　ここでことわっておくが，「フィクションの人物」とは，フィクシ

ョンの登場人物という意味ではない．ナポレオンはトルストイのフィクション『戦争と平和』の登場人物だが，フィクションの人物ではない．トルストイはナポレオンを創造したわけではない．トルストイが生まれる前にナポレオンはすでに存在していた．あなたやわたしとおなじように，ちゃんとした物体(人物)として存在していた．それにくらべて，フィクションの人物ピョートル・キリーロヴィチ・ベズウーホフは，トルストイの創造物であり，物体ではなく抽象物である．ちなみに，人工的に作られた抽象物であるという性格づけは，フィクションの人物にだけ当てはまるのではない．フィクションを書くなかで作者が創造したものなら何にでも当てはまる．ハムレットの剣やシャーロック・ホームズのパイプなどの「小道具」はもとより，物語の設定場所そのもの，たとえばアイザック・アシモフのフィクション『夜来たる』で語られているできごとがおきる惑星ラガッシュも，フィクションの人工物説によれば，作者によって作られた抽象物なのである．

　もしフィクションの人工物説が正しくて，自然数はフィクションの語りのなかで創造された人工物だとしたら，自然数のフィクショナリズムはどうなるのだろうか．「フィクションの人物や物は存在する」というのがフィクションの人工物説の中心的主張なので，「自然数はフィクションの物であり，かつ存在しない」という自然数のフィクショナリズムの中心的主張と真っ向から対立する．よって，フィクションの人工物説が真ならば，自然数のフィクショナリズムは偽である．では，フィクションの人工物説は真だろうか．「真ではない」という議論がいくつかある．

　その1つは，すでにみた「フィクションということは，存在しないということだ」という反論である．紫の上は平安時代の京都に実在し

た人物で,紫式部はその人物を描写していたにすぎない,ということが歴史的研究によって決定的に証明されたとしたならば,フィクションの人物が存在したということが証明されたことになっただろうか.いや,ならなかっただろう.その代わりに,紫の上はフィクションの人物ではなかった,ということが証明されたことになっただろう.ちょうど『戦争と平和』に登場するナポレオンのように,『源氏物語』に登場するフィクションでない実在の人物だったということになっただろう.

この反論にフィクションの人工物説の擁護者はこう答える.「この反論は,フィクションでない,いわゆる「実在の」人物と,フィクションの人物のちがいを誤解している.そのちがいは,存在するかどうかではなく,いかにして存在するに至ったかということにかんするものである.そして存在形式もちがう.あなたやわたしは,親から生物学的プロセスによって生まれてきた物理的な個体だが,紫の上やハムレットはそれぞれの著者の執筆活動によって作り出された抽象物である」.特定の人物がフィクションの人物かどうかの決め手は,その人物がフィクション執筆において人工的に作られた抽象物かどうかであって,存在するかどうかではない,というわけである.

もう1つの反論はこうである.「紫の上は女性でありハムレットは男性だが,抽象物には性がない.よって,紫の上やハムレットは抽象物ではない」.おなじ反論の別のヴァージョンとみなされうるものとして,こういうのもある.「紫の上やハムレットは人間である.執筆活動によって人間を作り出すことはできない.よって,紫の上やハムレットは執筆活動によって作り出されてはいない」.これはかなり強力な反論である.これに対してなされるべき,フィクションの人工物

説からの答えの選択肢は多いとはいえないが，そのなかでもっとも納得のいきそうな答えは，ある区別をつけることによって得られるかもしれない．

　その区別とは，「フィクション外の記述」と「フィクション内の記述」の区別である．「紫の上やハムレットは執筆活動によって人工的に作り出された抽象物だ」というのはフィクション外の記述で，「紫の上は女性の人間でハムレットは男性の人間だ」というのはフィクション内の記述である．紫の上は，『源氏物語』のなかでは女性の人間である．すなわち，『源氏物語』では女性の人間として描かれている．じっさいは女性でも人間でもない抽象人工物だが，『源氏物語』では，抽象物でも人工物でもなく女性の人間として描写されている．わたしたちが「紫の上は女性だ」というとき，それは「『源氏物語』によれば紫の上は女性だ」といっているのであって，『源氏物語』の描写の外に立った見地からいえば紫の上は抽象人工物だ，ということと矛盾しない．

　この区別のボーナスとして，フィクション人工物説は，フィクションの人物と実在の人物の区別を際立たせることができる．わたしがあなたにむかって「あなたは人間で，肝臓が1つある」といったら，それはノンフィクションとして真であるが，「紫の上は人間で，肝臓が1つある」といったら，それはノンフィクション（フィクション外の記述）として偽である．と同時に，フィクション内の記述としては真，つまり，「紫の上は『源氏物語』のなかでは人間で肝臓が1つある」という意味では真である（『源氏物語』には紫の上に肝臓が1つあるという記述はないし，紫の上が人間だという記述さえないが，『源氏物語』によれば紫の上は解剖学的に普通の人間だ，ということはあきら

かである).紫の上(やハムレット)に当てはまるこの区別が,あなたには当てはまらない.これが,紫の上はフィクションだが,あなたはフィクションではないということの1つの目印になる.もちろん,あなたについて「人間ではなく,7本の腕をもつ,まだら模様の金星人だ」という描写をふくむ偽の話をわたしが書くことはできるが,そうしたからといって,わたしがあなたを作り出したということにはならない.わたしが,ナポレオンについてあからさまに偽の描写をする,エセ・トルストイのような者になりさがったということになるにすぎない.

7 お 金

　ということで,フィクションの人工物説は,反論からしっかり守ることができるようにみえる.だが,深呼吸して冷静に考えてみると,フィクションの人工物説にはやはり無理があるということに気づくだろう.紫の上やハムレットが,あなたやわたしが存在するこの現実世界に存在するという主張は,何とも信じがたい説だといわざるをえないのである.ただ,「フィクションの人工物説は,何とも信じがたいので偽である」というのは乱暴である.乱暴はいけない.わたしたちのすべき議論ではない.フィクションの人工物説は真ではないとする,乱暴でない理性的な議論をすべきである.そして,そういう議論がじっさいにあるのだ.

　フィクションの人工物説に対する反論として,フィクションの人工物説擁護者自身が好む,すでに引き合いに出されたお金の例に注意を向けることからはじめよう.お金は存在する.その存在は人間の言動

によってもたらされ，維持されている．物体でない抽象物としてのお金の存在の実質的な中身は，その経済的役割の充足である．わたしたちは存在し，多々ある種類の活動をおこなっているが，そのなかでも経済活動は，わたしたちの存続に欠かせない重要な種類の活動である．その経済活動においてお金は特に重要な役割をもつ．饅頭8個入りの菓子折りという物体や，30分のマッサージというサービスを購入するのにお金が1000円必要だとしよう．現金でもカードでもそのほかの手段でもいいが，とにかく1000円支払わなければ購入できない．かつ，1000円支払えば購入できる．一般に，物体やサービスの購入は，人間の生存におおかれすくなかれ影響する行為である．また，お金がなくては税金や借金の支払いもできない．お金の経済的役割が人間にとって大事だということは，あきらかである．お金についてのこういう性格づけのどこがフィクションなのか．1000円には100円より大きな購買力がある，ということはフィクションではなく事実である．フィクション内の記述とフィクション外の記述という区別を，どうつければいいのかはっきりしない．

　この短い考察からわかるのは，フィクションの人工物説擁護者がお金を引き合いに出すのは，1000円や100円のお金が紫の上やハムレット同様フィクションのものだと主張したいからではない，ということである．そうではなく，人工的に創造された抽象物だという共通点を強調したいからなのである．お金の存在は疑うに値しないので，同様に人工的に創造された抽象物であるフィクションの人物も，その存在は疑うに値しない，といいたいわけである．

　にもかかわらず，この考察は，お金とフィクションの人物のアナロジーが弱すぎるということをしめしている，といわねばならない．フ

ィクションの人工物説のカナメは，フィクションの人物は人工的に作られた抽象物だということだけではなく，そうして作られた抽象物についての記述に「フィクション内」と「フィクション外」という2種類がある，ということもである．しかし，お金についてのフィクション内の記述の例が出てこない．「紫の上は女性だ」というフィクション内の記述に対応する，お金1000円についての記述は何だろう．

　たとえば，もし「100円より大きな購買力がある」をフィクション内の記述とみなせば，お金についてのこのフィクション内の記述は現実に真なので，その意味で，現実に抽象物である紫の上を女性だとする記述と決定的にちがう．現実の存在者として紫の上は女性ではないが，『源氏物語』によると女性である．現実の存在者として1000円のお金は「これこれ」ではないが，お金のフィクションによると「これこれ」である，というような「これこれ」が浮かばない．「100円より大きな購買力がある」はダメである．1000円のお金は現実に100円より大きな購買力があるからだ．

　というわけで，お金をもち出しても，フィクションの人物が存在するというフィクションの人工物説の中心テーゼを支えるには十分ではない．

8　世界と世界

　では，フィクションの人工物説のまちがいは，フィクションの人物が存在するという主張にあるということになるのだろうか．いや，そういうことにはならない．フィクションの人物の存在は，そう簡単に論駁できるものではない．「10世紀までに書かれたどのフィクション

の人物よりも，人間心理に深い洞察をもって描かれた 11 世紀のフィクションの人物が存在する．ゆえに，フィクションの人物は存在する」という議論は，そう簡単にしりぞけることはできない．この議論はフィクションの人物の存在を確立しているが，「自然数は存在しない」と主張する自然数のフィクショナリズムと軋轢を生むことはない，と主張することは可能である．「フィクションの人物は存在するが，フィクションのものである自然数は存在しない」という命題を，内部的に矛盾しない形で解釈することは可能なのである．

　フィクションの人工物説による「フィクション内の記述」と「フィクション外の記述」の区別にもどろう．『源氏物語』によると紫の上は女性だが現実には紫の上は抽象物である，ということだが，「『源氏物語』によると女性だ」というのは具体的にはどういうことなのだろう．その対になっている「現実には抽象物だ」が具体的にどういうことかがわかれば，わかるかもしれない．一般的に，「現実にこれこれだ」というのは，ほかでもない現実世界——「@」と呼ぼう——でこれこれだということである．ならば，「フィクションの話によるとこれこれだ」というのは，(@でこれこれだというのではなく)ほかでもないそのフィクションの話の世界でこれこれだということになるだろう．「『源氏物語』によると紫の上は女性だ」というのは，『源氏物語』の世界で紫の上は女性だということである．『源氏物語』の世界を w_g とすれば，紫の上は w_g に存在し，w_g で女性の人間であり，w_g で天皇の第二皇子に愛されたのである．そういう紫の上を，わたしたちが現実世界からみて「人間だ」，「女性だ」，「天皇の第二皇子に愛された」などと記述するとき，その記述が「フィクション内の記述」といわれるのである．『源氏物語』の世界 w_g で何がおきているかにつ

いての記述を「フィクション内の記述」と呼んでいるわけだ.

　紫の上は w_g に存在すると主張するかぎり，フィクションの人工物説はまちがっていない．10世紀までに書かれたどのフィクションの人物よりも人間心理に深い洞察をもって描かれた11世紀のフィクションの人物の1人で，そのフィクションに登場するほかの女性人物のだれよりも21世紀前半の日本人読者に人気のあるフィクションの人物——すなわち紫の上——は w_g に存在する．フィクションの人工物説が犯しているあやまりは，w_g を＠とまちがえているということである．w_g を＠と取りちがえているからこそ，＠では平安時代の日本に『源氏物語』が紫の上に帰属させる性質をすべてもつ女性がいないという現実の歴史的事実にかんがみて，「フィクション内記述」と「フィクション外記述」という区別をひねりだす必要にせまられるのである．そのような女性がいるというのはフィクション外記述では偽だがフィクション内記述では真だ，と主張することによって，じっさいには w_g における事実と＠における事実のあいだにある対比を，＠における「フィクション内記述」と「フィクション外記述」の対比として誤認している．2つの世界での2つの事実を，1つの世界での2つの記述と見誤っているのである（正確には「記述」ではなく，記述によってなされる意味論的行為「述定」というべきだが，その差はここでは重要ではない）．

　しかし，ここでつぎのような疑問が頭に浮かぶかもしれない．「わたしたちは＠に存在し，紫の上の言動に＠で一喜一憂する．ということは，紫の上は w_g だけではなく＠にも存在せねばならないのではないか」．この問いかけは一見もっともだが，じつは形而上学的混乱を露呈している．

わたしがあなたを甘党とみなしたとしよう．わたしはロサンゼルスにいる．ロサンゼルスにいるわたしがあなたを甘党とみなすためには，あなたもロサンゼルスにいる必要があるだろうか．もちろん，ない．ロサンゼルスで甘いものを食べるにはロサンゼルスにいる必要があるが，ロサンゼルスにいる人に甘党だとみなされるのにその必要はない．あなたは京都にいる（としよう）．そのあなたの言動に，ロサンゼルスでわたしが一喜一憂するということに何の問題もない．あなたがロサンゼルスにいる必要もないし，わたしが京都にいる必要もない．

　もう1つ別の，純粋に物理的な例をあげれば，わたしがあなたより背が高い（または低い）ためには2人がおなじ町にいる必要はない．わたしの身長が x cm で，あなたの身長が y cm で，$x>y$（$x<y$）ならば，わたしはあなたより背が高い（低い）．2人がそれぞれどこにいようと関係ない．

　ロサンゼルスを @ で，京都を w_g でおきかえれば，「@ に存在するわたしたちを一喜一憂させるためには，紫の上は，w_g のみならず @ にも存在する必要があるのではないか」という問いかけが混乱していることがよくわかる．「…をこれこれとみなす」，「…の言動に一喜一憂する」，「…より背が高い（低い）」，「…のファンだ」，「…を描写する」などの性質は，…とおなじ町にいなくてももてる性質である．おなじ惑星にいる必要もないし，おなじ銀河にいる必要もない．おなじ世界にいる必要さえない．@ でない w_g という世界に女性として存在する紫の上について，@ に存在するあなたやわたしが @ で「紫の上は女性だ」と判断するのは可能だし，そうしてなされたその判断は正しい．「フィクション内の記述として」などという制限句なしで，そのままで文字通り正しいのである．紫の上が @ に存在しなくても正

しいのである．もしあなたが紫の上のファンだとすれば，＠に存在する抽象物のファンなのではなく，w_a に存在する生身の女性のファンなのである．

9 応用問題

　自然数論がフィクションでなく真である理論で，自然数がその理論のなかで語られる実体だとしても，自然数論の物理的領域への応用の説明がむずかしいのに，自然数論がフィクションで，自然数がそのなかで語られるにすぎないフィクションのものだとすれば，自然数論の物理的領域への応用の説明がさらに困難になる．これは，フィクションのものが現実世界に存在しようがしまいがおなじだ．

　自然数が現実世界に存在しない，フィクションの世界のみに存在するものだとすれば，現実世界での非存在性が現実世界の物理領域との関連性を理解不可能にする（非現実フィクション世界の自然数に思いをはせることができる——人間などの——個体が現実世界にいなくても，この関連性はありうるということに注意しよう）．

　そのいっぽう，自然数が人工的に作られた抽象物として現実世界に存在するものだとすれば，その抽象性が物理領域への関連性を理解不可能にするだけでなく，人工的に作られた自然数についての自然数論が，人工的に作られたのではなくそもそも人間誕生のはるか以前から存在する自然の現象を的確に記述できるのはなぜかという，もう1つの謎が生まれる．

　というわけで，フィクショナリズムは，自然数論が応用され，わたしたちのじっさいの生活に大きな影響をあたえているというまぎれも

ない事実を説明する役にはたたない．

　ところで，フィクショナリズムの考察とは独立に，自然数論の応用について皮肉な事実がある．それは，自然数論のみならず数学一般の認識論についての事実である．わたしたちは数学の真理をどのようにして知り得るのか，というのが数学の認識論の核をなす問いかけだが，その問いかけへの答えとして有名な答えが1つある．それは，「わたしたちは，自然科学——とくに物理学——の成功を受け入れる．自然科学には数学が不可欠である．よって，自然科学の成果を受け入れるかぎり，わたしたちは数学も受け入れねばならない」という，第6章3節でみた答えである．おさらいすると，自然科学に必要だから数学を受け入れなければならないというのである．自然数論に特化していえば，自然科学をするためには自然数を実体として認め自然数に言及する必要があるので，自然科学をするかぎり，言及可能な自然数を実体として認めないわけにはいかない，ということだ．自然科学の知識がまず根底にあり，その知識を獲得するために自然数論が必要なので，自然科学の知識を受け入れるかぎり，自然数論が肯定すること——すなわち，デーデキント・ペアーノ公理やそこから演繹できる定理など——を真として受け入れなければならない．自然数の存在は自然科学という基盤に立ってはじめて知られうるのだ，というわけである．

　これがなぜ皮肉かというと，自然数論の応用が自然数論に先行しているからである．時間的に先行するという意味ではなく，認識論における正当化の論理において先行するという意味である．「7は3より大だ」とか「53は素数だ」とかいった自然数論の知識は，自然科学の知識を得ることによってのみ可能になる，ということだ．自然数論についてのこの認識論が正しければ，自然数論の応用は説明可能であ

るのみならず,自然数論の知識にとって不可欠な条件だということになる.ということは,自然数論がいかにして自然科学で使用可能かということの説明がなければ,自然数についてのわたしたちの知識の説明がつかないということである.つまり,自然数論の応用可能性の説明が,「7は3より大だ」とか「53は素数だ」という知識の説明の礎になるということだ.わたしたちは,まず「7は3より大だ」とか「53は素数だ」とかいう知識をもち,そのうえでその知識を応用することによって自然科学を確立し推進するのだ,という主張は本末転倒であるというわけだ.これが,自然数論の自然科学への応用可能性そのものの説明を悪循環に落とし入れる危険性をはらむのである.

自然数論の応用がまずあって,その応用に使われるかぎりで自然数論の命題が知られるにいたるのならば,その応用以前には自然数論の命題は知られていないわけである(「まず」や「以前」は時間的系列を意味するのではなく,知識の正当化における論理的順序を意味するということを忘れてはならない).しかし,自然数論の命題の知識なくして,いかに自然数論を応用できるのだろうか.手ぬぐいなくして,いかに手ぬぐいで頰かむりができるだろうか.

この答えは1つしかない.それは,「応用」という言葉の普通の意味を破棄することからはじまる.「xをyに応用する」には,おおまかにいって「由来または機能においてyとは独立であるようなxを,yの目的にそって使う」というような普通の意味があるが,この普通の意味は「自然数論を自然科学に応用する」にはあてはまらない,と主張することからはじめるのである.そして,そう主張するからには,普通の意味ではない,どういう意味があてはまるのかを説明しなければならない.節を変えて,その説明をしよう.

10　ホーリズム

　自然数論と自然科学を，命題の集合である理論ではなく人々がおこなう知的営みとしてみた場合，正当化の論理にかんするかぎり，それらは2つの独立した知的営みではなく，おたがいに依存しあう知的営みだ，という立場がある．この立場を「ホーリズム」と呼ぶ．ここでいう「ホール」とは，コンサートホールの「hall」でも，ブラックホールの「hole」でもなく，全体を意味する「whole」のことである（「全体論」という和訳がある）．おたがいに依存しあう知的営みだというのは，自然数論にたよることなく自然科学をすることはできず，自然科学にたよることなく自然数論をすることはできない，ということだ．両者は切り離せない全体を形成し，自然科学の実験や観察の結果は自然科学理論を確証したり反証したりするだけではなく，自然数論の命題も確証したり反証したりする力ももっている．また，自然数論における新しい定理は，自然科学理論の確証や反証に影響をあたえる力をもっている．原理的に自然数論への影響力をもちえない自然科学の結果や，原理的に自然科学への影響力をもちえない自然数論の結果などありえない，というのがホーリズムの主張なのである．

　ホーリズムの立場から「応用」概念をみると普通の理解ができなくなる．普通の理解では，xがyに応用されれば，yはxに応用されるのではない，つまり応用関係は非対称的である．記号であらわせば，

$$Rxy \to \neg Ryx$$

となる．しかし，応用関係のこの非対称性を，ホーリズムは否定する．

特に自然数論と自然科学にかんしては，応用関係は対称的，つまり

$$Rxy \rightarrow Ryx$$

だ，という．自然数論を自然科学に応用するとは，自然数論を使って自然科学をするということにほかならないが，ホーリズムによると，それは，自然科学を使って自然数論をしているのと区別できない．なぜなら，自然数論を使って自然科学の実験や観察をした結果得られたデータが予想に反していたならば，その予想を生んだ理論体系を修正することが求められるが，その理論体系は自然科学のみでも自然数論のみでもなく，両者が形成する全体だからである．すなわち，その全体の自然科学部分だけを修正するか，自然数論部分だけを修正するか，両者をともに修正するか，という3つの選択肢があるからである．特定の自然科学理論は数論よりもはるかに狭い守備範囲をもつので，プラクティカルな考慮から通常は特定の自然科学理論のみを修正する選択肢をとることが圧倒的に多いが，原理的には自然数論も修正するという選択肢をとることが可能だし，自然科学理論は修正せず自然数論だけを修正する，というラディカルな選択肢をとるという可能性も原理的には残っている，とホーリズムは主張するのである．

　よって，自然数論がいかにして自然科学に使えるのかとか，自然科学がいかにして自然数論を正当化しうるのかという質問は足元をすくわれて，そもそも実のある内容をもつことができない．自然数論プラス自然科学という全体がいかにして正当化されうるか，という質問のみが意味をなす．そして，その答えは，「実験や観察によるデータを，もっともスムーズで体系的に説明することによって正当化される」である．もし自然数論を修正することでそのような説明が達成されるよ

うな事態がおきるならば，自然数論が正当化されるどころか，自然数論の修正が正当化されるということになるわけだ．

　こうして，もしホーリズムが正しければ，自然数論の応用にかんする先の問題はそもそもおこらないので，解決策をさがす必要もない．しかし，ホーリズムは本当に正しいのだろうか．

　自然科学をするうえで何らかの計測が必要であるかぎり，自然数論を使わずに自然科学をすることが不可能だということはわかる．だが，その逆はそれほどあきらかではない．カフェで伝票の総額を人数で割って1人あたりの金額を算出する人が，そうするにあたって自然科学に依存しているとは思えない．その人のみならず，世界中のほかの誰も自然科学にたずさわっていなかったら，「1800割る6は300」というその人の主張は正当化されないのだろうか（誰も自然科学にたずさわっていなかったら工学もなかっただろうからカフェは存在していなかっただろうが，その関係は因果関係であり正当化の論理関係ではないので無視する）．「正当化されない」という意見は信じがたい．ホーリズムは信じがたい．

　ホーリズムのどこが，この信じがたさの源になっているのだろう．予想に反した実験・観測データが出た場合，まずそのデータの信ぴょう性をチェックするのが通常の自然科学の方法である．入念なチェックの結果，データ自体は疑う余地がないという判断にたっしたとしよう．ならば，そのデータに反する予想を生んだ理論体系が何らかの形で修正されねばならない．理論体系はいくつかの構成要素から成っているので，それらの構成要素のすくなくとも1つが修正の的になる．すべての構成要素がすべて一様に修正の的として考慮されるということはない．これは，ホーリストも認めるところである．

まず修正の第一候補としてあげられるのは，特定の自然科学理論である．水星の軌道が近日点移動する原因は水星よりも太陽に近い軌道をもつヴァルカンという惑星の存在だ，とする天文学理論によると，太陽付近のある特定の空間をある特定の時点に十分に精密な望遠鏡で観測すればヴァルカンを発見することができるはずである．もしできなければ，その予想を生んだ天文学理論と自然数論を擁する理論体系を修正しなければならないが，自然数論ではなく天文学理論を修正するのが常套手段だろう．じっさいの天文学史では，ヴァルカン理論は破棄され一般相対性理論がそれにとって代わった．予想に反したデータが確認されたときの科学者たちの反応を科学史でみれば，自然数論（または数論一般）ではなく自然科学理論を修正するのが普通である．

だがホーリズムによると，これは何ら驚くべきことではない．修正の対象として特定の自然科学理論が第一候補にあげられるのは，そうするのがもっともプラクティカルだからである．ただ，ホーリズムのホーリズムたるところは，そうしなければならないという必然性はないと主張することである．この主張はもっともな主張だろうか．

自然数論を修正してヴァルカン理論を維持することは，論理的に不可能ではない．そうしないのは，単にプラクティカルな考慮から動機づけられているのだろうか．そうとは思えない．ヴァルカン理論を維持するには自然数論をかなり大きく修正する必要があり，かつ，ヴァルカン理論はほかの自然科学理論に抵触するので，その理論も修正を余儀なくされるだろう．それよりも自然数論をそのままにしてヴァルカン理論を破棄したほうが，理論体系全体へのダメージがすくなくてすむ．すなわち，修正の種類や深さそして広さをふくめた意味での修正の「規模」を最小限にとどめるべきだ，という方法論的な原理がは

たらいているのである.

　「そのような方法論的原理こそプラクティカルな考慮なのだ」とホーリストがいうとしたら，ホーリズムによる理論体系の全体は方法論的に一様ではなく，ムラあるいは濃淡があるといわねばならない．そして，そのムラあるいは濃淡は，理論体系全体の修正規模を最小限におさえるにあたって，自然数論よりもまず自然科学理論を修正の的にすべきだとするようなものであることになる．とすれば，ホーリズムは，自然数論と自然科学理論を，方法論的におなじレベルにある融合した理論としてではなく，前者が後者に先立つという関係にある2つの分離できる理論としてあつかっていることになる．すなわち，自然数論はそれ独自の正当化機構を秘めているのだ，という主張を否定しようとするホーリズムの基盤がゆらぐのである．「プラクティカルな考慮」という言葉でこれを覆いかくすことはできない．

　ただ，ゆらぐからといって，かならずしも崩れ落ちるわけではない，ということは心にとめておこう．たとえば，量子力学の実験結果にかんがみて，古典論理を修正すべきだという意見があるが，その意見はかなり真剣にうけとめられている．論理は自然数論や自然科学とともに理論体系の一要素だが，「理論体系の修正規模は最小限にすべし」という原理からいって，自然数論よりもさらに修正しにくい要素である．それを修正しようというのだから，この意見はホーリズムの精神にのっとっているといわねばならない．

　いずれにしても，自然数論独自の正当化機構がいかなるものかということは，ホーリズムだけを検討していても答えが出ない．つぎの章で，自然数論の命題を正当化する方法として真っ先に頭にうかぶものについて考える．それは，ほかならぬ証明である．

第8章
「真だ」≠「証明できる」

自然数についての真理を確実に知るには，証明という手段がある．デーデキント・ペアーノ公理や足し算・掛け算の公理など，その場に応じて適切な公理から出発して，演繹論理の推論ルールを使って定理を導き出すという手段である．自然科学における実験や観察の方法は，究極的に知覚と帰納論理に依存しており，100％正しいという保証がない知覚と帰納論理の本質をうけついでいる（演繹論理と帰納論理のちがいについては『「論理」を分析する』第1章2節と第3章1節参照）．それにくらべて自然数論での証明は，証明者の不注意や見逃しなど証明に内在的でない要因を無視すれば，100％正しいという保証つきの，絶対的に頼りになる手段であると思われる．

　しかし，自然数論の命題が真だということを確立するにあたって証明が絶対的に頼りになる手段だ，ということを保証するためには，2つのことを保証する必要がある．1つは，自然数について真の命題はすべて証明できるということ，もう1つは，自然数について偽の命題はどれも証明できないということである．この2つのことは保証できるのだろうか．驚いたことに，保証できないのである．

　1つめのことは，保証できないどころか，その逆が保証できてしまう．つまり，自然数論の公理をどう選ぼうが，推論ルールをどう設定しようが，矛盾していないかぎり，いかなる自然数論の証明体系でも，自然数について真だが証明できない命題がある，ということが証明できるのである．これを「自然数論の不完全性」という（ここで『「論理」を分析する』に出てくる「完全性」を思い出す読者は，『「論理」を分析する』であつかわれている「完全性」が，推論の妥当性と証明可能性の関係についてのテーゼであるのに対し，ここでいう自然数論の不完全性は，自然数についての真理と証明可能性の関係についての

テーゼなので「完全」の意味がちがう,ということに注意してほしい).

「矛盾していないかぎり」という制限をつけるのは,矛盾している証明体系とは「p,かつpでない」という命題が証明できる証明体系のことで,そういう体系では,すべての命題が証明できてしまうからである.それは,連言除去,選言導入,選言除去という3つの推論ルールを使って,つぎのようにしめすことができる(このうち2つの除去ルールについては『「論理」を分析する』第3章2節参照).

> 「p,かつpでない」が証明されたとする.ならば,その命題から連言除去により,「p」と「pでない」がそれぞれ導き出される.その「p」から,選言導入により「pまたはq」が導き出される.さらにその選言命題と「pでない」から,選言除去により「q」が導き出される.この「q」は任意の命題である.ゆえに,「p,かつpでない」が証明されるならば,いかなる命題も証明される.

もし自然数論(の証明体系)が矛盾しているとすれば,すべての命題が証明されるので,自然数について偽の命題ももちろん証明される.よって,2つめのことを保証するには,すくなくとも自然数論が無矛盾だということを保証する必要がある.しかし,自然数論のなかで自然数論には矛盾がないということを証明することはできない,つまり自然数論は自分自身の無矛盾性を証明することはできない,ということがわかっている(証明されている).これは,自然数論の不完全性から直接帰結する結論なのである(さらにいえば,自然数論を表現できるいかなる体系においても自然数論の無矛盾性は証明できない).本章では,自然数論の不完全性はいかにして証明されるか,そして,自

然数論内で自然数論の無矛盾性を証明することは不可能だ，という結論がそこからどう導かれるのかをみることにしよう．

1　証明できない真理

　「2+31 は 13+19 より大きい」という命題が真だということと，その命題は証明可能だということは別物である．証明可能だというのは，公理と推論ルールからなる証明体系のなかでその命題の証明が存在するということである．では，真だというのは，どういうことだろうか．その命題があらわしている状況がじっさいに生起している，ということだといえるだろう．ならば，「2+31 は 13+19 より大きい」という命題があらわしている状況とは，いったい，いかなる状況なのか．2 と 31 の和は 13 と 19 の和より大きいという状況だ，というのが手っ取り早くかつ明瞭な答えだろう．もちろん，この答えをさらに追及して「2 とは何か」，「和とは何か」，「より大きいとは何か」などという問いを吹っかけることはできる．だが，ここではそういう問いは無視する．さいわいなことに，自然数論の不完全性を証明するのに，そのような問いにかかわる必要はないからである（本書をここまで読んできた読者には，そのような問いの答えはわかっているだろう）．

　わたしが「わたしは火星人ではない」といったら，それは真である（異議をとなえる読者は「火星人」を「アンドロメダ銀河系人」あるいは「爬虫類」にかえてもいい）．わたしは「わたし」という単語でわたし——すなわち八木沢敬——を指示して，その指示対象について真のことをいっているのである．これには何の問題もない．話し手が自分自身を指示して，その指示対象について真のことをいうのは普通

にできる.

　話し手の代わりに，文も同様のことができる．自分自身を指示して，その指示対象について真のことがいえる．たとえば，

　　(1)　この文は英語の文ではない.
　　(2)　(2)は英語の文ではない.

　(1)は「この文」という代名詞句で自分自身——すなわち(1)——を指示して，その指示対象について「英語の文ではない」という真のことをいっている．(2)は代名詞句ではなく「(2)」という一種の固有名詞と考えられうる番号で自分自身——すなわち(2)——を指示して，その指示対象について同様の真のことをいっている．どちらの文にも何の問題もない．ここで大事なのは，(2)は「(2)は英語の文ではない」であり「(2)」ではない，ということだ．「(2)は英語の文ではない」は文だが，「(2)」は文ではない，ということに注意しよう．前者は「(2)は」という主語と「英語の文ではない」という述語からなるちゃんとした文だが，後者は「2」という番号がカッコ内におかれているだけの名詞で，述語に欠ける．後者は前者の名前であり，前者なのではない．「太平洋」という名詞と太平洋という海を混同するのがおかしいように，後者を前者と混同するのはおかしいことなのである．名前とその指示対象をはっきり区別したうえで，話をすすめよう．

　自然数論の言語で書かれた文があるとする．その文は複雑なので，簡略化して「gである」と書くとしよう(「gである」は単なる述語の簡略化ではなく，文全体の簡略化だということに注意)．そして，ある自然数をその文の名前として使うことができるとしよう．その自然数が「gである」という文の名前として使われている場合，それを

「n」という文字であらわすことにする．つまり，

　　n はこれこれだ

という文が自然数論の言語で書かれた文だとすると，それは

　　「gである」はこれこれだ

といっている文だ，ということである．また，「xは（自然数論で）証明できる」という意味の述語も自然数論の言語で書くことができると仮定して，その述語を「Px」とあらわすことにしよう．さらに，「…の場合かつその場合にかぎり…」を「$\leftrightarrow$」という記号であらわすとする．そのような規約のもとで，(3)を前提しよう．

　　(3)　gである　$\leftrightarrow$　「Pnではない」は証明できない．

　ここで留意すべきなのは，「Pn」は「nは証明できる」という文である，すなわち，「gである」は証明できる，といっている文であるということだ．つまり，(3)の右辺は，「「gである」は証明できない」は証明できないといっているのである．

　(3)という前提にもとづいて，「gである」という文は，真ならば証明できるといえるだろうか．その答えは，もちろん「gである」がいかなる文であるかによる．ではここで，「gである」は，つぎの(4)が証明できるような，そういう文だとしよう．

　　(4)　gである　$\leftrightarrow$　Pnではない．

　さて，そのような文「gである」が真だと仮定しよう．ならば，(3)の左辺が真である．よって(3)より，その右辺も真である．つまり，

「Pn ではない」は証明できない．すなわち，(4)の右辺は証明できない．(4)は証明できるので，(4)の左辺も証明できない．ゆえに，「g である」は証明できない．

というわけで，(3)が前提でき，かつ(4)が証明できるような「g である」という文は，もし真ならば，証明できない．ここから，自然数論の不完全性が帰結するのだろうか．もちろん帰結しない．「g である」という文が真でなく偽ならば，証明されなくても問題ないからだ．では，偽の文が証明されえないかぎり「g である」は偽ではない，ということをしめそう．

> 「g である」が偽だと仮定する．ならば，(3)の左辺が偽である．よって(3)より，その右辺も偽である．つまり，「Pn ではない」は証明できる．すなわち，(4)の右辺は証明できる．(4)は証明できるので，(4)の左辺も証明できる．よって，「g である」は証明できる．よって，偽の文が証明できる．ゆえに，偽の文が証明されえないならば，「g である」は偽ではない．

自然数論で偽の文が証明されえないかぎり，証明できない自然数論の真理がある．この意味で，自然数論は「不完全だ」といわれるのである．

2　嘘つき文

自然数論の不完全性の証明の概要の考察は，まだ終わっていない．「g である」という問題の文が，形骸的にしかあたえられていないからだ．(3)という前提があてはまり(4)が証明できるような，そういう

文である，という制約以外「g である」という文についての情報がない．そもそも，この2つの制約があてはまる文があるという保証も，あたえられていない．そのような文の存在を信じる根拠は何なのか．

それは，じっさいにそのような文を作り出すことができるという事実である．その作り方を考案した人物に敬意を表して「ゲーデル文」と呼ばれる，そのような文は，古代から知られている「嘘つきのパラドックス」から派生的に作られるのである．そこで，まず嘘つきのパラドックスを簡単におさらいすることからはじめよう．

(5) (5)は真ではない．

この文(5)は，自分自身すなわち(5)について真ではないといっている．擬人化していえば「わたしは真ではない」といっているのである．もし(5)が真ならば，その内容は正しい．(5)の内容は(5)が真でないということなので，もし(5)が真ならば，(5)は真でないということが正しい．すなわち，(5)は，真ならば真ではない．よって(5)は真ではない(『「論理」を分析する』第3章4節の真理関数についての考察を参照)．だが，もし(5)が真でないならば，その内容は正しくない．よって，もし(5)が真でないならば(5)は真でないということは正しくない，つまり(5)は真である．よって，(5)は真である．

すなわち，(5)は真ではなく，かつ真である，ということになってしまう．これが嘘つきのパラドックスである．このパラドックスへの対処法はいろいろ提案されているが，それらを検討するのは，ここでのわたしたちの目的ではない(『「論理」を分析する』第7章2節参照)．(3)という前提があてはまり(4)が証明できるようなゲーデル文とは，いったいどんな文なのかを，このパラドックスからヒントをもらって

理解するのが目的である．

(5)は自分自身について「わたしは真ではない」といっているのだが，ゲーデル文も自分自身に言及する．これが，ゲーデル文が(5)と共有する重要な特徴である．ゲーデル文が(5)とちがうのは，真偽を問題にするのではなく，証明可能性・不可能性を問題にするという点だ．すなわち，ゲーデル文は「わたしは(自然数論で)証明不可能である」といっている文(6)なのである．

(6)　(6)は証明不可能である．

もし(6)が証明できるとすれば，(6)は「(6)は証明できない」という内容なので，その内容は正しくない，つまり(6)は真ではない．もし(6)が証明できないとすれば，(6)の内容は正しい，つまり(6)は真である．すなわち，真でない文が証明できてしまうか，真な文が証明できないか，どちらかだということだ．真理性と証明可能性が裏腹な関係にあるような文だ，ということになる．

(6)が，(3)という前提があてはまり(4)が証明できるようなゲーデル文だということをしめそう．「g である」が(6)の簡略化ならば，(3)は，

(3*)　(6)は証明不可能である　↔　「Pn ではない」は証明できない

の簡略化となる．ここで，「n」は(6)の名前だということに留意しよう．(6)には(3)があてはまるということ，すなわち(3*)が成り立つということは，つぎのようにしめせる．

まず，(3*)の左辺が真だとする．すると，(6)は証明できない．だが(6)は，(6)が証明できないといっている．よって，「(6)は証明できない」は証明できない．すなわち，「Pn ではない」は証明できない．ゆえに，(3*)の右辺は真である．

つぎに，(3*)の左辺が偽だとする．すると，(6)は証明できる．(6)は，(6)が証明できないといっている．よって，「(6)は証明できない」は証明できる．すなわち，「Pn ではない」は証明できる．ゆえに，(3*)の右辺は偽である．

また，(6)は(4)が証明できるような文だということは，つぎのように簡単にしめすことができる．

「n」は(6)の名前なので，(4)の右辺「Pn ではない」は，「(6)は証明できない」の簡略化である．だが，これは(6)がいっていることである．よって，(4)は

(4*)　　$Q \leftrightarrow Q$

という形をしている論理的真理なので，自然数論で証明できるどころか，真理関数論理で証明できる．

ゲーデル文をいかにして作るかというトピックに移るまえに，自然数論の不完全性の重要性を否定する立場について一言コメントをくわえよう．「真理はいらない，証明だけでいい」というのが，その立場だが，それは，真理という概念に何らかの理由で過度に懐疑的，あるいは証明という方法に何らかの理由で無批判に頼りすぎている人がとる立場である．証明に一辺倒で真理の概念を避ける立場をとる人が，

自然数論における真理概念を捨てたからといって，「88−2＝86」や「17 は素数だ」が真でなくなるわけではない．自然数論における真理概念が消え去るわけではない．自然数についての真理を探究するという目的設定をしたうえで達成されうる業績が，真理概念を使わなくても達成可能だというのが「真理はいらない，証明だけでいい」という立場なので，(6)を自然数論の言語を使って表現できれば，この立場はとれなくなるのである．

3　ゲーデル文は数式

(6)はゲーデル文そのものではなく，ゲーデル文の日本語訳にすぎない．本来のゲーデル文は，自然数論の言語で書かれた文，すなわち何らかの数式でなければならない．その数式は自分自身を指示するので，その数式内に，その数式自身を指示する数字なり数式がふくまれていなければならない．それにくわえて，「証明できない」という述語を，自然数についての述語として数式であらわす必要がある．この2つのことができれば，ゲーデル文を書くことができる．では，そのようなことは，いったいどうすればできるのだろうか．

自然数論の言語の記号と数式のすべてに，自然数の名前をつければいいのである．もちろん，むやみに自然数を名前として選べばいいというわけではない．いかなる記号や数式にも一義的に決定された自然数が名前としてあり，かつ，いかなる自然数も，それが名前かどうか決定可能であり，もし名前であるならばどの記号または数式の名前なのかが決定できる，という具合の名前のつけかたが要求される．たとえば，

S, (,), 0, <, =

という記号や数字に，ならべた順序にしたがって，

　　　1, 2, 3, 4, 5, 6

という自然数を割りあてたとすると，これらの自然数が，それらの記号や数字の名前として機能するのである．そうした上で，たとえば，0 の後者をあらわす記号列

　　　$S(0)$

の名前は，$2^1 \cdot 3^2 \cdot 5^4 \cdot 7^3$ という自然数であるとする，というふうに決めるのである．もう 2 つ例をあげれば，

　　　0 < 1
　　　1 = 1

という 2 つの数式は，自然数論の言語では正式には，それぞれ，

　　　$0 < S(0)$
　　　$S(0) = S(0)$

と書くので，それぞれ，つぎのような名前をもつ．

　　　$2^4 \cdot 3^5 \cdot 5^1 \cdot 7^2 \cdot 11^4 \cdot 13^3$
　　　$2^1 \cdot 3^2 \cdot 5^4 \cdot 7^3 \cdot 11^6 \cdot 13^1 \cdot 17^2 \cdot 19^4 \cdot 23^3$

　「0<$S(0)$」という記号列を構成する数字と記号

0, <, S, (, 0,)

は，この順序で

4, 5, 1, 2, 4, 3

という自然数が割りあてられているので，これらの自然数を，小さい順からならべた6つの素数2, 3, 5, 7, 11, 13のベキ指数とするのである．同様に，「$S(0)=S(0)$」という記号列を構成する記号と数字

S, (, 0,), =, S, (, 0,)

は，この順序で

1, 2, 4, 3, 6, 1, 2, 4, 3

という自然数が割りあてられているので，これらの自然数を，9つの素数2, 3, 5, 7, 11, 13, 17, 19, 23のベキ指数とする．

これら3つの例からわかるように，自然数論の言語で書かれるいかなる数式も，2からはじまる素数を，その数式の構成要素である記号や数字に割りあてられた自然数でベキ乗した結果の積を，名前としてあたえられるのである．これらの名前のほとんどは，非常に大きな自然数だが，自然数は無限に($\aleph_0$個)あり，自然数論の言語の記号や数字の数はそれを上回ることはないので，数式の名前にこと欠く心配はない．

ベキ指数は単純記号の名前なので，任意の記号にはただ1つの自然数が名前としてあたえられ，その自然数が何かということが常に決定可能なのである．また，逆に，任意の自然数があたえられれば，その

自然数が数式の名前であるような素数のベキ乗の積かどうか，そして
もしそうならばどの記号の名前なのか，が決定可能である．それは，
1より大のいかなる自然数も，たった1つの仕方で素数分解できる，
という事実によって保証されている．すなわち，任意にあたえられた
1以上の自然数は，上の例のような素数のベキ乗の積，すなわち

$$2^a \cdot 3^b \cdot 5^c \cdot 7^d \cdot 11^e \cdots$$

という形であらわすことができて，その場合の $a, b, c, d, \ldots$ の値は
一意的に決まる正の整数だ，というわけである．

このようにして決まる自然数論の言語の記号，数字，数式の名前で
ある自然数を，その記号，数字，数式の「ゲーデル数」という．ゲー
デル数を使えば，自然数論の言語で自然数についての文(数式)を書く
ことができるのである．

ではつぎに，「証明できない」という述語が，自然数論の言語でど
のようにして表現できるのかをみてみよう．まず，自然数論における
証明とは何かをあきらかにする必要がある．ある特定の文を証明する
という行為は，公理としてあたえられている文から出発し，演繹論理
の推論ルールを使ってさらなる文を書き足していくことによって，そ
の特定の文に到達するという行為である．

これを「証明をするというのは，いかなる行為か」ではなく，「証
明とは，いかなる実体か」という問いかけの答えとして定式化しなお
すと，つぎのようになる．ある特定の文の証明とは，公理ではじまり，
先行する文から演繹論理の推論ルールにもとづいて導かれる文のみを
推論の順番にふくみ，その特定の文で終わるような文の列である．自
然数論での証明では，文は数式で，公理はデーデキント・ペアーノ公

理をふくむいくつかの数式である．よって，自然数論での証明は（公理と推論ルールにのっとった）数式の列にほかならない．ということは，特定の証明のゲーデル数は，単純記号のゲーデル数を使って，単純記号の列としての複合記号のゲーデル数を決めたのと，おなじ原理で決めることができるということだ．さらに，「数式だ」，「変数だ」，「含意する」，「公理だ」などの述語も，ゲーデル数を使ったテクニックによって定義することができるので，「証明できる」という述語の定義が可能になる（テクニカルな細部は本書では気にしない）．そして「ではない」という否定辞も同様に簡単に定義できるので，「証明できない」という述語がゲーデル数によって定義可能になるのである．

　というわけで，自然数論の不完全性は証明されるのだが，ここで，注意すべき点が1つある．それは，「自然数論で真の証明不可能な文があるのならば，自然数論の公理にさらなる公理をくわえれば証明できるようになるのではないか」というアイデアは，もっともののように聞こえるが，じつはおかどちがいだということである．なぜなら，自然数論の公理をふくむ公理系のいずれにも，それ独自のゲーデル文があるからである．いくら公理を足しても，自然数論の言語を捨て去らないかぎり，ゲーデル文を書くことができてしまうのである．

　公理の代わりに推論ルールを変えてもダメである．新しい推論ルールが矛盾の証明を可能にしてしまうのでないかぎり，新たな証明体系にも，その証明体系で自分は証明されえないという内容の新たなゲーデル文が存在するからである．

4　証明できない無矛盾性

　自然数論の不完全性から，おもしろい結果が出てくる．それは，自然数論で自然数論の無矛盾性を証明することはできない，という結果である．それは，つぎのように証明できる．

　　自然数論の不完全性により，自然数論が無矛盾ならば，自然数論においてゲーデル文は証明できない．「自然数論が無矛盾ならば，自然数論においてゲーデル文は証明できない」という文は，ゲーデル数のテクニックによって自然数論の言語で数式として書くことができ，かつ，自然数論で証明することができる．だが「（自然数論において）ゲーデル文は証明できない」はゲーデル文がいっている内容である．すなわち，「自然数論が無矛盾ならば，…」で「…」の部分をゲーデル文に置き換えた文が自然数論で証明できる，ということになる．よって，もし「自然数論は無矛盾だ」が自然数論で証明できるならば，「…」すなわちゲーデル文も自然数論で証明できる．だが，自然数論の不完全性により，ゲーデル文は自然数論で証明できない．ゆえに，「自然数論は無矛盾だ」は自然数論で証明できない．

　「Pは自然数論で証明できる」を「$\vdash P$」，「Pは自然数論で証明できない」を「$\not\vdash P$」，「Xは無矛盾だ」を「$C(X)$」，自然数論を「NT」，ゲーデル文を「G」と書けば，この証明はつぎのように要約できる．

$$\vdash C(NT) \to G$$

よって，
　　$\vdash C(NT)$ ならば，$\vdash G$
だが NT の不完全性により，
　　$\nvdash G$
ゆえに，
　　$\nvdash C(NT)$

　この推論は「モードゥス・トーレンス」という，とてもよく使われる推論形の一例である（モードゥス・トーレンスについては『「論理」を分析する』第3章11節参照）．

　この推論の最初のステップ，

　　$\vdash C(NT) \to G$
よって，
　　$\vdash C(NT)$ ならば，$\vdash G$

を受け入れない読者がいるかもしれない．「p ならば q」が証明されるからといって，もし「p」が証明されれば「q」も証明されるとはかぎらない，と主張する読者である．そういう読者は，たぶん証明の概念を誤解しているだろうと思われる．特に，仮言を証明するとはどういうことかを誤解している可能性が高い．そのような読者を説得しようとする2つの議論があるが，1つめはうまくない．回りくどいうえに説得力がないからである．

　「p ならば q」が証明されるということは，証明体系が無矛盾であるかぎり，「p ならば q」の否定は証明されないということだ．

「p ならば q」の否定は「p かつ，q でない」と同値なので，「p かつ，q でない」が証明されないということだ（この同値性については『「論理」を分析する』第3章7節参照）．つまり，もし「p」が証明されるならば「q でない」は証明されないということだ（「p」が証明されて「q でない」が証明されれば，その2つの証明を融合して「p かつ，q でない」の証明ができてしまうので）．

つまり，もし「p ならば q」が証明されて，さらに「p」も証明されたならば，証明体系が無矛盾であるかぎり，「q でない」は証明できない．よって「q」が証明できる．

この議論の非は，最後のステップにある．命題の否定が証明できないからといって，その命題が証明できるということには，かならずしもならない．これは証明体系一般についてそうなのだが，数論の証明体系についてもいえる．たとえば，第5章5節で出てきた連続体仮説は，それ自身もその否定も証明できない．このステップが補われないかぎり，この議論は受け入れられない．

だが，2つめの議論には説得力がある．1つめの議論より短くて簡単だが，単刀直入で受け入れられる議論である．

もし「p ならば q」が証明されて，さらに「p」も証明されたならば，その2つの証明を融合したうえでモードゥス・ポーネンスを使えば「q」が証明される．

この議論に抵抗するには，モードゥス・ポーネンスを拒否しなければならないが，それは，仮言文の前件と後件のあいだの論理関係を無視することなしにはできない（モードゥス・ポーネンスについても『「論

理」を分析する』第 3 章 11 節参照).つまり,モードゥス・ポーネンスを拒否するということは,仮言文の論理構造を無視することになるのである.ゆえに,仮言文を論理的にあつかうかぎり,

  $\vdash C(NT) \to G$
 よって,
  $\vdash C(NT)$ ならば,$\vdash G$

というステップは拒否できない.

 自然数論が自分自身の無矛盾性を証明できないのはあたりまえだ,という人がいるかもしれない.自分がはいている靴の紐をつかんで自分の身体をもち上げることができないように,そんなことはできるわけがないというのである.靴紐のたとえの良し悪しはともかく,もし理論の無矛盾性を証明するには,その理論をふくむ理論で証明するよりほかの方法はないとすれば,自然数論の無矛盾性は絶対的な意味で証明不可能だということになるだろう.だが,自然数論の無矛盾性は証明することができる.自然数論をふくまない理論で証明することができるのである.そのためには,デーデキント・ペアーノの 5 番目の公理

 (A5) 0 が Φ で,かつ,任意の自然数 x について x が Φ なら
    $S(x)$ も Φ ならば,すべての自然数が Φ である

の,有限な自然数だけでなく無限数も射程内にふくむヴァージョンを使う必要がある.それは,帰納ステップを変えて,

 (A5*) 0 が Φ で,かつ,任意の数 $x<y$ について x が Φ なら y

> も $Φ$ ならば，すべての数が $Φ$ である

としたヴァージョンなのだが，その話をする余裕は本書には残念ながらまったくない．そのような理論の発明によって数論と論理学は新しい改革の糸口をみつけ，その後の発展は現在も続いている，というにとどめておこう．

　というわけで，自然数論は証明という純粋にシンタクティックなものをあつかうだけの学問だ，という立場を維持することはできないということがわかった．自然数という実体について，字面だけの問題としてではなく，字面があらわす内容の問題として——すなわち，セマンティックな枠組みを設定したうえで——語ることがもとめられるのである．

第9章
集　合

これまで「集合」という概念をいたるところで使ってきたが，これはいったいどういう概念なのかということを，立ち止まって吟味する機会はなかった．本章でその機会をもうける．自然数論は自然数をあつかう理論だという前提に立って，自然数の定義に使われるという役割をもつ実体としての集合について話をすすめよう（その前提を受け入れたくない読者は，自然数論との関連とは独立に集合についての考察をしよう，という態度で本章を読んでほしい）．自然数が集合と同一視されうるならば，自然数論を本当に理解するには集合とは何かということを理解する必要がある．集合は「ものの集まり」だといえるだろうが，これが，わかったようで，じつはよくわからない．

1　物体の常識

　たとえば，わたしの身体は細胞の集まりだといえるだろうが，そうならば，わたしの身体は細胞の集合なのだろうか．いや，そうではない．「集まり」の意味がちがう．どうちがうのか．わたしの身体はなぜ細胞の集合ではないのかを理解するために，物体とは何かについてのごく常識的な見解に欠かせない2つの概念の話からはじめよう．

　まず，わたしの身体よりもはるかに単純な物体の例からはじめる．直径4cmの鉄球を例にとろう．その鉄球は2つの要素から成っている．鉄という物質のかたまりすなわち鉄塊と，直径4cmの球体という形である．鉄塊でできていても直径40cmの球体や，一辺4cmの立方体は，この物体ではないし，直径4cmでも銅のかたまりやプラスチックでできている球体は，この物体ではない．

　さらに，鉄でできているということは，この物体にいろいろな性質

（電気をとおす，熱しやすく冷めやすい，等々）をあたえているし，直径 4 cm の球体だということも別のいろいろな性質（片手でもてる，大理石の床に転がる，等々）をあたえている．じっさいのところ，鉄塊でできているということと直径 4 cm の球の形をしているということによって決定されえないこの物体の性質はないように思われる．

　もちろん，わたしの左の手のひらに乗っているという性質や，太陽光線にさらされているという性質は，鉄という物質のかたまりでできているということと直径 4 cm の球の形をしているということによっては決定されないが，それは，それらの性質が外部の実体との関係から派生する性質だからである．そうでない性質，つまりその物体に内在的な性質は，すべて，鉄塊でできているということと直径 4 cm の球の形をしているということによって決定されうるように思われる．

　この球体を高熱で溶かせば，球の形は失われるが，鉄塊は残る．また，鉄の原子を銅の原子で置き換えれば，鉄のかたまりではなくなるが，球の形は保たれる．すなわち，鉄の球体というこの物体の，物質と形は互いに独立だということだ．物質である鉄のかたまりを，この物体の「ヒュレー」と呼び，球形という形をこの物体の「エイドス」と呼ぶことにしよう（この聞きなれない言葉はギリシャ語であり，それぞれ「質料」（または「素材」）と「形相」という和訳があるが，本書では，あえてカタカナの言葉を使うことにする）．

　この物体は，特定のヒュレーと特定のエイドスから成っている．この物体とは別に，鉄でできた直径 4 cm の球体がもう 1 つあるとすると，そのもう 1 つの球体は，この物体とは別の特定のヒュレーと別の特定のエイドスから成っている．と同時に，この 2 つの球体の 2 つのヒュレーは，別々ではあるが，おたがいに似ているヒュレーであり，

2つのエイドスも別々だが似ているエイドスである．いっぽう，どちらのヒュレーもエイドスも，銅でできた直径4 cmの球体のヒュレーや，鉄でできた一辺4 cmの立方体のエイドスとは似ていない．

　ヒュレーとエイドスの概念は，金属でできた球体や立方体などの物体だけに当てはまるわけではない．そのほかの物体一般に適用することができる．鉄や銅といった単一の化学元素だけではなく，雑多な化学元素のかたまりであるヒュレーもあるし，球や立方体といった単純な形ではない複雑あるいは不規則な形のエイドスもある．

　フィレンツェのアカデミーア美術館にあるミケランジェロのダヴィデ像は，大理石のかたまりというヒュレーと，石を投げようとしている5.17 mの若い男性の形というエイドスを要素とする物体である．おなじように，わたしの身体も，細胞という有機物の特定の集まりとしてのヒュレーと，（若くない）男性の形というエイドスを要素とする物体である．わたしのヒュレーは大理石のような色彩も光沢もなく，ダヴィデ像のヒュレーと似てはいないが，わたしのエイドスは，サイズのちがいこそあれ，ダヴィデ像のエイドスと似ている．もちろん，ヴェッキオ宮殿前の広場にあるレプリカのダヴィデ像のエイドスほどは似ていないが，東京日比谷にあるゴジラ像のエイドスよりは似ている．

2　空間的でない集まり

　鉄球は，普通2つの工程をへて作られる．まず鉄の原子をたくさん集めて1つの鉄のかたまり（ヒュレー）を作り，つぎにその鉄塊を球状（エイドス）に形どる．これとは対照的に，同じ鉄の原子の集合は，1

つの「工程」で一気に「作られる」(カギカッコにしたのは，集合の作成は鉄球の作成とちがって物理的ではない，ということを示唆するため)．鉄の原子でできるヒュレーの「工程」はふまず，一気に直接集められて集合になる．この集められるという操作は，特定の形になるように集めるということではないので，エイドスもない．ヒュレーもエイドスも介さず，鉄の原子という個体をメンバーとする全体としていきなり存在するのである．

　鉄の原子から鉄球を作る普通でないやり方を考えれば，鉄球と鉄の原子の集合のちがいが，さらにはっきりするだろう．それは，バラバラの鉄原子を直接球体に形作るというやり方である(工学的にはやっかいだが原理的に不可能ではない)．このやり方では，ヒュレー作成の工程が省略されているように思われるかもしれないが，そうではない．球体に形作ることでヒュレーを作っているのである．すなわち，ヒュレーを作る工程と，そのヒュレーに球状というエイドスをあたえる工程が，1つのおなじ工程であるにすぎない．

　それにくらべて，集合を作るための鉄原子を「集める」という操作には，何の物理的意味もない．物理的にはバラバラに存在する複数の鉄原子を1つとして「みなす」という，心的な行為も必要ない．いかなる意味での志向性も無関係である．集合論における「集める」という操作は原初的であり，定義できないのである．にもかかわらず，あえていえば，それは純粋に論理的な操作，あるいは特異な形而上的な操作だということができるかもしれない．

　鉄球のすべての鉄原子を壊さずに切りはなして，宇宙空間にばらまいたとしたら，鉄原子はのこるが，鉄球の特定のエイドスが完全に失われる．また，鉄塊そのものも消滅するので，そのエイドスを形とし

てもっていた鉄球の特定のヒュレーもなくなる(その特定のヒュレーはその特定のエイドスをもっていた,といっているだけであって,その特定のエイドスをもつということがその特定のヒュレーの存在にとって必要条件だ,といっているのではないということに注意すべし).だが,鉄原子の集合は存在し続ける.鉄原子の集合の存在には,その集合のメンバーである鉄原子がいかなるヒュレーを成していようが,いかなるエイドスによって形づけられていようが関係ない.それらの鉄原子の1つ1つがどこかに存在していさえすれば,相互関係がどうであろうと,いかなる分子の部分になっていようと,それらの鉄原子をメンバーとする集合は存在する.

　同様に,わたしの身体を形成する細胞の集合は,それらの細胞の1つ1つがどこかに存在していさえすれば,おたがいにいかなる関係にあろうがなかろうが,存在する.それらの細胞が人間の身体を形作っている必要はない.特定のヒュレーも特定のエイドスもいらない.太陽系全体に一様にばらまかれていても,それらの細胞の集合は存在する.わたしがわたしの身体と同一で,わたしの身体には細胞以外の何もないとしても,それらの細胞が特定の種類のヒュレーを成し,そのヒュレーが特定の種類のエイドスで形づけられていなければ,わたしは存在しない.つまり,わたしがわたしの身体と同一だとしても,わたしはわたしの身体の細胞の集合ではないということなのである.もっといえば,わたしは空間的な実体だが,わたしの身体の細胞の集合は空間的実体ではない.細胞という空間的実体をメンバーとはするが,その集合自身は空間的ではない.

　空間的実体を集めて集合を作ったとしても,その「集める」という操作は物理的な操作ではない,ということの証明がある.その証明は,

いろいろなヴァージョンでなされうるが、どれも、集合とは何かについての根本的な原理に直接もとづいている。その原理とは、集合の同一性を定義するつぎの原理である。

集合xと集合yが同一($x=y$)であるのは、xとyのメンバーがまったくおなじ場合、かつその場合にかぎる。

この原理を前提にして、その証明の1つのヴァージョンが、つぎのようにできる。

碁盤のマス目は324個あるが、それは、縦18個のマス目を横に18列ならべたとみることもできるし、横18個のマス目を縦に18列ならべたとみることもできる。どちらにしても、物体すなわち空間的実体としてのおなじ碁盤のマス目ができる。しかし、縦18個のマス目からなる細長い物体が18個横にならんでいるとみて、その18個の縦長の物体の集合をS_1とし、横18個のマス目からなる細長い物体が18個縦にならんでいるとみて、その18個の横長の物体の集合をS_2とすれば、S_1とS_2は同一でないどころか、共通のメンバーが1つもない。縦長の物体のいずれも横長ではないし、横長の物体のいずれも縦長ではないからだ。つまり、18個の縦長の物体を物理的に集めたものと、18個の横長の物体を物理的に集めたものはおなじ碁盤だが、18個の縦長の物体をメンバーとする集合S_1と、18個の横長の物体をメンバーとする集合S_2は共通メンバーを1つももたない別々の集合である。ゆえに、メンバーを集めて集合を作るという操作は物理的な操作ではない。

物理的操作ではないのならば，いったいどういう操作なのだろうか．「集合論的操作だ」といっても，わけがわからない．ミステリアスである．論理学者や数学者は，集合論が論理学や数学にたいそう役立つので，集合という実体のこのミステリアスな本性を大目にみている．しかし，わたしたちは，論理学者でも数学者でもない．哲学者の心でこのトピックを考察しているのである．集合を実体として受け入れるためには，このミステリーをそのままにしておくわけにはいかない．そのままにしてノホホンとしていられる哲学者は，地球上で活動していながら，地球の内部でおきている現象にまったく興味をしめさない地質学者のようなものだ．チーズケーキのおいしさに魅了されながら，そのおいしさのみなもとを探求しようとしない料理研究家のようなものだ．

3 一緒くたに語る

この集合論のミステリーを解き明かすには，いろいろな方法があるだろうが，ここでは，そのなかでも1つラディカルな方法に目を向けることにしよう．それは，実体としての集合を容認するのをやめる，という方法である．実体としての集合を認めなければ，集合について語ることの基盤がなくなる．とすれば，集合論は語れなくなるのではないのか．つまり，それは集合論を放棄するということなのではないのか．いや，かならずしもそうではない．実体としての集合なくしては集合論はありえない，という見解はもっともな見解だが，「集合論」というラベルだけのこして，中身は非空間的実体である集合についての理論ではないとする立場もありうる．非空間的実体としての集合に

ついて語らなくても，非空間的実体としての集合について語った場合と同様の結果が得られればそれでいい，とする立場である．この立場をとる人がどういう主張をせねばならないのかを，例をとってみてみよう．

　マリを唯一のメンバーとする集合——マリの単集合——を S_1 とすると，S_1 についていろいろな事実が成り立つ．たとえば，

　　(7)　S_1 のメンバーはマリエではない

という事実である．だが，この事実は，S_1 に言及しなくても表現できそうである．メンバーだけに言及して，

　　(7*)　マリはマリエではない

といえばいい．こういう具合に，集合が言及されている文の内容をメンバーである個体だけが言及されている文で忠実に表現できればいいのである．(7)の事実は(7*)の事実以外の何物でもないと主張すれば，集合についての命題をメンバーについての命題に還元することになるし，(7)の事実を(7*)の事実で置き換えれば，集合についての命題を捨て去ってメンバーについての命題のみを受け入れることになる．いずれにしても，非空間的実体としての集合はいらなくなる．

　しかし(7)の例だけでは，説得力に欠けると思われてもしかたがない．単集合にかんする命題を唯一のメンバーにかんする命題に還元するのは簡単すぎる，という苦情がでるのは必至だからだ．そこで，単集合でない集合の例をとることにしよう．

　まず，ソラとレイをメンバーとする集合を S_2 とし，マリ，マリエ，マリコをメンバーとする集合を S_3 とする．そうすると，S_2 と S_3 につ

いて成り立つ

 (8) S_2 と S_3 は，かさならない

という事実は，S_2 と S_3 に言及しなくても表現できる．まず，「かさならない」ということは，共通のメンバーがないということなので，(8)は

 (8*) S_2 のメンバーで，S_3 のメンバーでもある個体はない

で置き換えられる．さらに，メンバーだけに言及して，

 (8**) ソラとレイは，どちらも，マリでもマリエでもマリコでもない

といえばいい．(8)の事実は(8**)の事実以外の何物でもないと主張し，(8)の事実を(8**)の事実で置き換えればいいのである．

 さらなる例をとれば，

 (9) S_1 は S_2 の部分集合ではない

という文は，「部分集合」の定義によって，

 (9*) いかなる x についても x が S_1 のメンバーならば x は S_2 のメンバーである，ということはない

という文に還元されるので，メンバーだけに言及して，(9*)をさらに

 (9**) いなかる x についても x がマリなら x はソラかレイだ，ということはない

というふうに表現すれば, S_1 と S_2 に言及しない文で置き換えることができるし, また,

　(10)　S_1 は S_3 と, かさなる(共通メンバーがある)

は

　(10*)　マリであり, かつ, マリかマリエかマリコであるような x がある

で置き換えられる. さらに, もう1つ例をあげれば,

　(11)　S_1 と S_2 の和集合は, S_3 とおなじサイズである

は, 2つの段階をへてメンバーのみについての文で置き換えることができる. まず, 「和集合」と「おなじサイズ」の定義を確認する. 2つの集合の「和集合」は, その2つの集合のいずれか, もしくは両方にメンバーとして属するものをメンバーとする集合のことであり, 2つの集合が「おなじサイズだ」とは, その2つの集合のあいだに1対1対応関係があるということである. これを踏まえたうえで, 第1段階では, S_1 と S_2 の和集合への言及だけを取り除く. S_1 と S_2 の和集合へ言及する代わりに S_1 と S_2 の和集合のメンバーに言及して,

　(11*)　マリとソラとレイは, S_3 と1対1に余りなく対応する

とするのである. 第2段階では S_3 への言及を取り除くのだが, そのまえに, (11*)について反論が出るにちがいない.

　それは, (11*)は(11)の内容を忠実に表現してはいないという反論であり, (11*)をつぎの文と類比的に文法分析することからはじまる.

(12) マリとソラとレイは,哺乳類である.

(12)は,マリとソラとレイについて,それぞれ哺乳類だといっている.すなわち(12)は(12#)と同義である.

(12#) マリは哺乳類であり,ソラは哺乳類であり,レイは哺乳類である.

(11*)を(12#)にしたがって分析すれば,つぎのようになる.

(11#) マリはS_3と1対1に余りなく対応し,ソラはS_3と1対1に余りなく対応し,レイはS_3と1対1に余りなく対応する.

(11#)が(11)の内容を忠実に表現していないのは,あきらかである.ゆえに,(11*)は(11)の内容を忠実に表現してはいない.

これが反論だが,説得力はあるだろうか.いや,あるとはいえない.この反論には大きな穴がある.その穴とは,(11*)を(12)に準じて分析すべきだということの正当化がなされていない,ということである.

(11*)と(12)は,たしかにうわべは「マリとソラとレイ」という主語プラス述語という,おなじ文法構造をしているが,深層の論理構造はおなじではない.(12)は連言だが,(11*)は連言ではないからである(連言について詳しいことは『「論理」を分析する』第3章4節参照).すなわち,「マリとソラとレイ」という主語は,(12)では「マリはこれこれだ」と「ソラはこれこれだ」と「レイはこれこれだ」という3つの文をまとめて短くするためだけの方便にすぎないのだが,(11*)ではそうではない.

(12)はマリとソラとレイについて別々に述定しているが,その述定

がたまたまおなじ述語によるので，本来なら別々に生起すべき「マリ」と「ソラ」と「レイ」という主語が，「マリとソラとレイ」という具合にまとめられているだけである．それに対し(11*)は，マリとソラとレイをひとくくりにして述定している．論理構造レベルで(12)には3つの述定があるが，(11*)には1つの述定しかない．なので，「マリとソラとレイ」という主語を「マリ」と「ソラ」と「レイ」という3つの主語に分けるのは，(11*)の論理構造が許さないのである．

　ここで，細心の注意をもって避けるべき，大きな誤解の可能性を指摘しよう．その誤解とは，(11*)の「マリとソラとレイ」はマリとソラとレイという3人の個体(個人)から成る個体を指ししめす，と思うことである．(11*)が真だからといって，マリとソラとレイのほかに第4の個体が存在しなければならないわけではない．そのような個体があるとすれば，共通部分のない3つの別々の空間領域を占める，3人の別々の人間を部分としてもつ全体だということになるが，そのような個体は(3人の人間から成ってはいるがその個体自体は)人間ではないので「3人の人間だ」とはいえない．つまり，もし「マリとソラとレイ」が，そのような個体を指示しているのだとしたら，マリとソラとレイは3人の人間ではないことになってしまう．これは，受け入れがたい．

　(11*)で「マリとソラとレイ」は何を指示しているのか，という問いへの答えはあきらかだ．マリとソラとレイを指示しているのにほかならない．マリとソラとレイを部分としてもつ全体——マリとソラとレイから成るさらなる個体——ではなく，マリとソラとレイを指示している．マリとソラとレイを一緒くたにした結果うまれる個体を指示しているのではなく，マリとソラとレイを一緒くたに指示しているの

である．この指示には，マリとソラとレイ以外の個体はかかわっていない（マリとソラとレイの部分さえかかわっていないといいたいが，それをきちんというためには話がややこしくなるので，それはしない）．これがどういうことかということを理解する助けになるいい例が2つある．

　1つめの例は，夫婦である．ソラとレイが夫婦だとしよう．ソラが1人でできることと，レイが1人でできることのほかに，ソラとレイが夫婦としてできることがある．所得税を夫婦として払うとか，夫婦で仲睦まじくニュージーランド旅行する，など．所得税を払っている夫婦はソラとレイであり，仲睦まじくニュージーランド旅行する夫婦はソラとレイである．「夫婦ソラとレイ」なる第三者ではない．ソラとレイが夫婦だからといって，ソラとレイのほかに「夫婦ソラとレイ」なる第3の個体があるわけではない．

　もし「夫婦ソラとレイ」なるものがあるとすれば，それはソラとレイにほかならない．もちろん，夫婦になる前もソラとレイは存在していたが，そのときは夫婦に必要な（おもに法的な）関係が両者のあいだに成立していなかったということであって，そういう関係が成立している現在，ソラとレイ以外の何者かが「夫婦ソラとレイ」として存在するわけではない．一緒のソラとレイが夫婦なのである．ソラとレイが一緒に夫婦だ，といってもいい．

　2つめの例は，グランドピアノをもちあげるという行為である．あなたには，グランドピアノを1人でもちあげることはできない（できるのならば例をオイルタンカーにかえる）．あなたとわたしでも無理だろう．だが，あなたの友人3人とわたしの友人3人をくわえた合計8人が協力すれば，グランドピアノをもちあげることができるかもし

れない．できるとしよう（できなければ例をダイニングテーブルにかえる）．そして，その8人がグランドピアノをじっさいにもちあげたとする．その場合，グランドピアノをもちあげるという行為をしたのは誰か，ということについては何の疑いもない．その行為をしたのは，その8人にきまっている．その8人のほかに第9の個体が存在してその個体がグランドピアノをもちあげた，というわけではない．8人から成る1つの個体がそれ自身でもちあげたのではなく，8人が協力してもちあげたのである．グランドピアノをもちあげるという行為の主体の数は，8であって1ではない．

この2つの例がしめすのは，複数の個体があるとき，その複数の個体から成る複合物や，その複数の個体をメンバーとする集合など，（何らかの意味で）その複数の個体から「できている」1つの実体があったとしても，その実体を指示することなく，その複数の個体自体をまとめて指示することができ，その指示にもとづいて1つの述定をすることができる，ということである．

「S_1 と S_2 の和集合は，S_3 とおなじサイズである」という文(11)は，マリとソラとレイ以外の実体，すなわちマリとソラとレイをメンバーとする集合（S_1 と S_2 の和集合）に言及して，その集合はこれこれだといっているが，(11*)はその集合に言及する代わりにマリとソラとレイにまとめて言及しておなじことをいっている．

さて，第2段階では，この(11*)の述語から S_3 への言及を取り除いて，

 (11**) マリとソラとレイは，マリとマリエとマリコと1対1に余りなく対応する

という文にたどりつく．ここでの「マリとマリエとマリコ」も，(11*)での「マリとソラとレイ」のように，3人の人間を一緒くたに指示するのであって，3人の人間から成る何か別のさらなる実体を指示するのではない．もちろん「マリとソラとレイ」が，(11*)でと同様に(11**)でも，3人の人間を一緒くたに指示するのはいうまでもない．よって(11**)の正しい理解は，一緒くたに指示されたマリとソラとレイが，一緒くたに指示されたマリとマリエとマリコと1対1に余りなく対応する，という理解である．

　こういうぐあいに，集合についての多くの述定を，集合を引き合いに出さずに，メンバー個体についての述定で置き換えることができるのである．

4　集合だけの集合

　しかし，上の議論は(7)〜(11)という特定の種類の文のみについての考察にもとづいている．集合についてのほかの種類の文も，すべておなじようにメンバー個体についての文で置き換えることができるかどうかわからない．S_1, S_2, S_3 のメンバーは，すべて人間である．集合ではない．だが，集合をメンバーとする集合もある．そのような集合にかんする記述をメンバーにかんする記述に還元しても，集合にかんする記述を取り除いたことにはならない．

　とはいえ，もし集合のメンバーである集合のメンバーが集合でない個体ならば，あるいは，集合のメンバーである集合のメンバーである集合のメンバーが集合でない個体ならば，あるいは，集合のメンバーである集合のメンバーである集合のメンバーが

集合でない個体ならば，…すなわち，もしメンバーのメンバーをたどっていけばいずれ集合でないメンバーにたどりつくことができるならば，S_1, S_2, S_3 についての上の議論が適用できるだろう．

だが，メンバーのメンバーをたどっていけば，かならず集合でないメンバーにたどりつくことができるという保証はあるだろうか．残念ながら，ない．それどころか，第4章1節でみたように，自然数を定義するにあたって使うべきもっとも適切な集合は，集合でない個体を完全に排除して作られる集合なのである．そこでみた自然数の定義の2つの選択肢は，つぎのようなものだったことを思い出そう．

選択肢その 1
  $0 = \{\emptyset\}$
  $1 = \{\{\emptyset\}\}$
  $2 = \{\{\emptyset\}, \{\{\emptyset\}\}\}$
  $3 = \{\{\emptyset\}, \{\{\emptyset\}\}, \{\{\emptyset\}, \{\{\emptyset\}\}\}\}$
  ・
  ・
  ・

選択肢その 2
  $0 = \emptyset$
  $1 = \{\emptyset\}$
  $2 = \{\{\emptyset\}\}$
  $3 = \{\{\{\emptyset\}\}\}$
  ・

どちらの選択肢も，集合でない個体をメンバーとしてまったく使っていない．すべてのメンバーはそれら自身集合である．なので，集合についての記述をその集合のメンバーについての記述で置き換えても，集合に言及しなくてよくなるわけではない．メンバーのメンバーをたどっていっても，集合でないメンバーにたどりつくことはできない．

5　空集合のメンバー

特に問題なのは，上のどちらの選択肢でも，究極のメンバーが空集合 $\varnothing$ だということである．これがなぜ問題かというと，$\varnothing$ にはメンバーがないので，$\varnothing$ についての記述を存在するメンバーについての記述で置き換えることはできないからである．自然数論の形而上学には，結局のところ集合が欠かせないということになるのだろうか．

そう結論づけるまえに，「$\varnothing$ についての記述を存在するメンバーについての記述で置き換えることはできない」という主張をくわしく検討してみよう．$\varnothing$ にメンバーがないということは，いかなる x についても，x が $\varnothing$ のメンバーならば x は存在しない，ということにほかならない．ひるがえっていえば，存在しない x なら何でも $\varnothing$ のメンバーとみなせる，ということである．ならば，集合でない何らかの非存在者を x として，$\varnothing$ のメンバーとみなせばいいのではないだろうか．第 2 章 4 節で，$x \neq x$ であるような x の集合として $\varnothing$ を定義したが，$x \neq x$ であるような x が（非存在の）集合でないという保証はな

いので，集合に言及せずに集合論の実りを収穫するという目下の目的にはそわないように思われる．集合ではない非存在者がほしい．

　ここで，ふたたびカッパが登場する．カッパはすべて非存在者なので，そのなかの特定のカッパを選択してxとすればいいのではないか．しかし，いないカッパのなかの特定のカッパを選択することがいかにしてできるのか，という疑問がわく．その疑問に答えるために，現実世界をはなれて非現実可能世界を考慮しようというアイデアが示唆されるかもしれない（可能世界についてくわしいことは『「論理」を分析する』第8章2-6節参照）．現実世界にカッパはいないが，すくなくとも1つの非現実世界にはいるだろう．そのような非現実世界へ行って，そこにいるカッパのうち特定のカッパを1匹選べばいい（∅ をフィクションの個体として定義しようとしているのではないので，カッパが出てくるからといって，ここで数論のフィクショナリズムが集合論のフィクショナリズムとして蒸し返されている，と思うのはまちがいである）．

　しかし，これには問題がある．カモノハシは日本にはいないが，オーストラリアにはいる．なので，オーストラリアへ行って，そこにいるカモノハシのうち特定のカモノハシを1匹選ぶことはできる．これと同様に非現実可能世界へ行って特定のカッパを選ぶことができるのだろうか．できるわけがない．非現実可能世界へ行くのは，オーストラリアへ行くよりむずかしい．というより，不可能である．日本とオーストラリアは共通物理空間のなかにあるので，その空間を移動すれば日本からオーストラリアへ行けるが，現実世界と非現実可能世界は共通物理空間のなかにあるのではない．両者を擁する巨大な物理空間などない．物理空間は，それぞれの世界を内部から特徴づける性質な

ので，世界がちがえば物理空間もちがう．別々の世界が共存する空間があるとすれば，それは物理空間（フィジカル・スペース）ではなく，形而上空間（メタフィジカル・スペース）あるいは様相空間（モーダル・スペース）といわねばならないだろう．物理空間内では自動車や飛行機で移動できるが，形而上空間（様相空間）内では，そういう物理的手段で移動することはできない．せいぜい純粋な思考活動によって，概念的に「移動」するしかない．

　日本からオーストラリアへ物理的に移動して，そこで何匹かのカモノハシを前にし「このカモノハシ」と特定の1匹を指名するのとはちがって，現実世界から概念的に「移動」した先の非現実可能世界で，何匹かのカッパを前にし「このカッパ」と特定の1匹を指名することはできない．特定のカッパをほかのカッパから区別する客観的基盤がないからだ．そもそも，カッパを「前にする」というのは，頼りにならない比喩の域を出ない．本来物理的意味の「前にする」に概念的意味をもたせようとすると，急速にその有意義性が失われる．たとえば，オーストラリアで，あなたが朝10時に「このカモノハシ」と指さして指名したカモノハシと，わたしが午後2時に「このカモノハシ」と指さして指名したカモノハシがおなじ生物かどうかは，（あなたやわたしやほかの誰かがどう思おうと）客観的に決まっているが，あなたが朝10時に「このカッパ」と概念的に指名したカッパと，わたしが午後2時に「このカッパ」と概念的に指名したカッパがおなじ生物かどうかは，客観的に決まっているとはいえない．主観的に決まっているとさえいえないだろう．「このカモノハシ」の「この」の意味を保証する，物理的に直面しているという関係が，概念的指名の場合にはないので，「このカッパ」の「この」の意味があやふやにならざるを

えないのである.

　では，翼をもつ白馬ペガサスならどうだろう．カッパとおなじく存在はしないが，カッパとちがって不特定多数の生物種として語られているのではなく，特定の個体として語られている神話上の生物である．その神話の世界で何頭かいる翼をもつ白馬のなかから「これ」と選択する必要はない．神話の世界ではペガサスは1頭しかいない．「カッパ」という語が普通名詞なのに対し，「ペガサス」は固有名だということがペガサスの唯一性をしめしている．そのペガサスを唯一のメンバーとする集合{ペガサス}は，存在しない個体の単集合，すなわち1つだけのメンバーが存在しない，そういう集合なので，それは空集合∅である.

　誤解してはいけない．わたしたちは，現実世界でこういう話をしているので，わたしたちが「ペガサスを唯一のメンバーとする集合{ペガサス}」というとき，わたしたちが意味するのは「現実世界でペガサスを唯一のメンバーとする集合」ということであり，ペガサスは現実世界に存在しないので，現実世界でペガサスを唯一のメンバーとするということは，唯一のメンバーが存在しないということである．そのいっぽう，もし「ペガサスの神話の世界でペガサスを唯一のメンバーとする集合」という意味でいったとしたら，神話の世界にペガサスは存在するので，そのような集合{ペガサス}は∅ではない．つまり，「ペガサスを唯一のメンバーとする集合」という名詞句は，意図されている世界によって指すものがちがうのである.

　これは特に驚くに値しない．「マリコを母とする1人っ子」という名詞句が世界によって指すものがちがう，というごくあたりまえのことと似ている．意図されている世界でマリコに子供がいなければ，あ

るいは複数いれば，その名詞句は何も指さず，ソラがマリコの1人っ子ならばその名詞句はソラを指し，マリがマリコの1人っ子ならばマリを指す．「マリコ」，「マリ」，「ペガサス」などの固有名は，意図された世界によって指示対象が変わることはない．しかし，固有名を部分としてふくんで記述をしている名詞句は，指すものが変わりうる．

というわけで，$\varnothing$ をペガサスの単集合と理解して，$\varnothing$ についての記述をペガサスについての記述で置き換えたらどうか．たとえば，

　　(13)　$\varnothing$ は空集合である，
　　(14)　$\varnothing$ は S_1 とサイズがちがう，
　　(15)　$\varnothing$ は S_2 と共通メンバーがない

は，それぞれ

　　(13*)　ペガサスは存在しない，
　　(14*)　ペガサスはマリと1対1に余りなく対応しない，
　　(15*)　ペガサスはソラでもレイでもない

で置き換えるのである．(14*)は日本語として舌足らずに聞こえるかもしれないが，(11**)にならって理解すれば意味をなす．ペガサスは存在しないので，存在するマリに対応する存在者ではないのである．

というわけで，結局 $\varnothing$ をペガサスの単集合と定義することに問題はないように思われる．しかし，残念ながら，そう思うのは時期尚早である．問題が2つあるのだ．その1つを次の段落でみて，2つめは節をかえて検討することにしよう．

ペガサスは存在しないが，存在することが不可能なわけではない．非存在だが，不可能存在ではない(不可能存在だという，かなり説得

力のある議論もあるが、こみいっているので本書では無視する）。ペガサスはじっさいには存在しないので、{ペガサス}はじっさいは空集合だが、ペガサスが存在したとしたら{ペガサス}は空集合ではなくなるだろう。つまり、∅はじっさいには空集合だが、ペガサスが存在したとしたら空集合ではなくなるということだ。可能世界の枠組み内で語れば、∅は現実世界では空集合だがペガサス神話の世界では空集合ではない、ということになる。これは、現実世界ではどの自然数の後者でもない自然数が、別の可能世界では、ある自然数の後者だ、というようなものだ。もっといえば、現実世界で0である自然数が別の可能世界では0ではない、というようなものだ。それが自然数についての言明として理解しがたいのとおなじように、∅についてのこの言明は集合についての言明として理解しがたい。

　先に「ペガサスを唯一のメンバーとする集合」という名詞句を「マリコを母とする1人っ子」という名詞句とのアナロジーで説明したが、ここでは、その説明に異を唱えているのである。現実にソラがマリコを母とする1人っ子だとしよう。ならば、ソラは現実世界で、マリコを母とする1人っ子である。だが、マリコには子供がなかったかもしれないし、複数の子供があったかもしれないし、あるいは母ではなく父だったかもしれないので、ソラはマリコを母とする1人っ子ではなかったかもしれない。すなわち、すくなくとも1つの非現実可能世界で、ソラはマリコを母とする1人っ子ではない。このアナロジーを「ペガサスを唯一のメンバーとする集合」という名詞句にあてはめるとナンセンスが帰結する。なぜなら、この名詞句は「∅」という名前（空集合の名前）の定義として話題に上がっているので、∅が（ペガサスという）存在者をメンバーとするような非現実可能世界がすくなく

とも1つあるのならば，空集合が存在者をメンバーとするような非現実可能世界がすくなくとも1つある，すなわち，空集合が空集合でないような非現実可能世界がすくなくとも1つあるということになってしまう．

　さいわいなことに，この問題には解決策がある．「ペガサスを唯一のメンバーとする集合（すなわち{ペガサス}）」を「∅」の定義と解釈するのをやめればいいのである．定義の定義たるところは，現実世界のみならず，すべての世界において有効だということなので，本章の目的には強すぎるのである．すべての世界で有効である定義をもとめるのではなく，各々の世界ごとにそれ特有の個別の「規定」をすることで満足すればいいのである．

　現実世界ではペガサスは存在しないので，∅は{ペガサス}としてあたえることができるが，ペガサス神話の世界ではペガサスは存在するので，∅は{ペガサス}としてあたえることができない．では，後者の世界では，∅はいかなる規定によってもあたえることができないのか．もちろん，そんなことはない．たとえば，その世界にあなたは存在しないので，∅は{あなた}としてあたえることができる．ペガサスもあなたも存在するような世界では，また別の，そこに存在しない何者かを選んで，∅をその何者かの単集合として規定すればいい．存在しないものがないような世界がないかぎり，この方法で十分である（存在しないものがないような世界がいかなる世界かをここで論じる余裕はない）．

　現実世界での∅を{ペガサス}として規定することができるならば，多くの哲学者が承認するつぎの原理を否定しなければならない．

(16)　x が存在しないならば，x の単集合 $\{x\}$ は存在しない．

　この原理を {ペガサス} に適用すれば，ペガサスは存在しないので {ペガサス} も存在しないことになる．ということは，∅ を {ペガサス} と規定するならば，∅ は存在しないことになる．じっさいのところ，(16)は，現実世界での ∅ の非存在を含意するだけでなく，すべての可能世界での ∅ の非存在を含意する，すなわち，∅ の存在を不可能にする．これは，「メンバーが存在しない集合」として理解される空集合 ∅ の本質から，あきらかである．

　(16)がいかに承認しがたい原理かは，それを一般化したつぎの原理をみればわかる．

(16*)　x が存在しないならば，x をメンバーとする集合は存在しない．

　この原理の反例はいくらでもある．たとえば，{あなた，ペガサス}，{地球，火星，ヴァルカン}，{あなた，わたし，二葉亭四迷，紫の上}．(集合というものが，そもそも存在するならば)これらの集合はすべて存在する．それぞれのメンバーリストの最後のメンバーが非存在者なので，これらの集合は現実には，{あなた}，{地球，火星}，{あなた，わたし，二葉亭四迷} という集合にほかならない．これらは，それぞれ，単集合，2つのメンバーをもつ集合，3つのメンバーをもつ集合として存在する．メンバーが1つだろうが，複数だろうが，そして，そのメンバーのすべて，あるいはいくつかが存在しないからといって，集合が存在しないということにはならない．

6 空集合のメンバー過剰

∅ をペガサスの単集合として定義または規定することの2つめの問題点は,非存在者はペガサスだけではないということである(これ以降では簡略化のために,「定義または規定」の代わりに単に「規定」と書く).ゼウスやロミオやジュリエットやシャーロック・ホームズなど,神話や小説などに出てくるフィクションの個体はすべて,フィクションであるがゆえに非存在者である(第7章6節でみたように,そうではないという意見――フィクションの人工物説――もあるが,その意見はここでは無視する).ということは,∅ をペガサスの単集合として規定する必要はないということである.ペガサスの単集合として ∅ を規定することができるのならば,ゼウスの単集合として ∅ を規定することができるはずである.ジュリエットの単集合でもいいはずだ.だが,ゼウスはペガサスではないし,ジュリエットもペガサスではない.ジュリエットはゼウスでもない.よって,つぎの3つの規定はおなじ規定だとはいえない.

(17) ∅ = {ペガサス}
(18) ∅ = {ゼウス}
(19) ∅ = {ジュリエット}

これらがおなじ規定ではないということは,これらがおなじものの規定ではないということではない.ペガサスもゼウスもジュリエットも非存在者なので,(17)～(19)はいずれも空集合の規定ではある.すなわち,{ペガサス}も{ゼウス}も{ジュリエット}も現実に空集合で

ある．問題なのは，{ペガサス}，{ゼウス}，{ジュリエット}という集合が空集合でない非現実世界がことなる，ということである．別の言い方をすれば，ことなった反事実的含意をもつということなのである．

(17$^+$)　ペガサスが存在したならば，{ペガサス}は空集合ではなかっただろう．

(18$^+$)　ゼウスが存在したならば，{ゼウス}は空集合ではなかっただろう．

(19$^+$)　ジュリエットが存在したならば，{ジュリエット}は空集合ではなかっただろう．

この3つの例文だけでも反事実的含意のちがいはわかるだろうが，さらにつぎの3つの文をみれば疑いなくあきらかになるはずである．

(17^{++})　ペガサスが存在して，ゼウスとジュリエットが存在しなかったならば，{ペガサス}は空集合ではないが{ゼウス}と{ジュリエット}は空集合だっただろう．

(18^{++})　ゼウスが存在して，ペガサスとジュリエットが存在しなかったならば，{ゼウス}は空集合ではないが{ペガサス}と{ジュリエット}は空集合だっただろう．

(19^{++})　ジュリエットが存在して，ペガサスとゼウスが存在しなかったならば，{ジュリエット}は空集合ではないが{ペガサス}と{ゼウス}は空集合だっただろう．

こうして(17)〜(19)の規定のちがいがはっきりしたが，では，わたしたちは，どの規定をとるべきなのだろうか．少し考えれば，3つの規定は完全に平等であり，そのうち1つだけを選択する理由はまった

くないということがわかるはずである．しかも，その3つはたまたまわたしの頭に浮かんだ例にすぎず，ほかにもこれらと平等な規定がたくさんある．たとえば，

(20)　$\emptyset = \{$ロミオ$\}$
(21)　$\emptyset = \{$紫の上$\}$
(22)　$\emptyset = \{$アン・シャーリー$\}$

等々．現実には非存在だが存在が可能な個体の単集合として $\emptyset$ を規定するには，選択肢が多すぎる．1つの可能世界，現実世界，にかぎっての規定さえ一義的に決まらない，というのが問題なのである．

さいわいにも，この問題を克服する方法がある．しかも，その方法によれば，前節で「定義」より弱い意味の「規定」という概念の導入によって解決をはかった第1番目の問題点も，「規定」概念なしで解決可能になる．つまり，2つの問題を統一的に同時に解決することができるというわけだ．その解決方法とは，第2章4節でみた $\emptyset$ の定義にほかならない．

(23)　$\emptyset = \{x : x \neq x\}$

第2章では，かなり唐突にこの定義が登場したが，ここでの考察によってその深い意義があらためて評価できるのである．$x \neq x$ すなわち自分自身と同一でない x などというものは，単に非存在だというだけではなく存在不可能である．よって，現実世界のみならず，いかなる可能世界にも存在しない．ゆえに，定義(23)によれば，$\emptyset$ は現実世界では空集合だが別の可能世界では空集合ではない，などということはおきない(よって，定義をあきらめて規定へと後退する必要は

ない).

　また,「$x \neq x$」のほかにも x について自己矛盾する文を書くことはできるが,「$x \neq x$」より根本的な矛盾文はないだろう. すなわち, すべての矛盾文は, 何らかの形で「$x \neq x$」に還元できるだろう. この意味で, 定義の唯一性が保たれるといえるのである((23)を存在する空集合 $\emptyset$ の定義として承認するならば,(16*)はとうてい承認できないのは, あきらかである).

　だが, これですべてがうまくいくと結論するのは早すぎる. $\emptyset$ の定義としての(23)にかんして, 憂慮がのこるのである. 最後に, この憂慮をあらわして, 集合についての話を締めくくろう.

　$x \neq x$ であるような x は, 単に存在不可能だというだけではない. 理解不可能である.「$x \neq x$」という文が矛盾文のなかでももっとも根本的だという上の見解そのものが, 皮肉にもそれを裏づけている. そもそも広義の「もの」(「者」でも「物」でも「こと」でも「できごと」でも「状態」でも「事態」でも「実体」でもいい)という概念は,「それ自身と同一である」($x=x$)という概念を前提することなしには把握できないので, $x \neq x$ であるような x は, x が広義の「もの」であるかぎり, 把握できる概念の外に位置せざるをえない. つまり, x が広義の「もの」であるかぎり, $x \neq x$ であるような x は理解不可能だということになるのである. とすれば, そういう x の集合という概念も理解不可能なので,(23)の定義を受け入れるかぎり, $\emptyset$ も理解不可能になってしまうのである.

　ここで,「x が広義の「もの」であるかぎり」という条件を逆手にとって,「$x \neq x$ であるような x は, 広義の「もの」ではない」と主張すればいい, という意見が当然出てくるだろう. しかし, その意見は,

「$x \neq x$ であるような x」という概念とおなじく理解不可能である．あるいは，「理解不可能」という概念が程度を許容する概念だとすれば，それよりさらに理解不可能だといってもいいかもしれない．物体だろうがなかろうが，因果関係の関係項だろうがなかろうが，知覚または想像の対象であろうがなかろうが，存在しようがしまいが，x について語るときわたしたちは，x がここでいう広義の「もの」だということをオートマティックに前提している．無意識にでも前提しなければ，x についての語りが，意味ある内容がない単なる言葉の羅列にすぎなくなる．$x \neq x$ であるような x は広義の「もの」ではないと主張することで，「$x \neq x$ であるようなもの」と「広義の「もの」」のあいだに区別をつけようとしても，その区別自体がナンセンスにならざるをえない．意味があることをいっているようで，じつはそうではない，という状況は哲学には時々おきるが，これは，その典型的な例だといえるだろう．同一性の概念的原初性・根本性を，過小評価してはいけない．

　集合という実体をまず一般に「個体をメンバーとして集めたもの」というふうに直感的に正当化したうえで導入して，その舌の根の乾かぬうちに「メンバーがない集合」として $\emptyset$ を導入するのには無理があるのだ．テクニカルな方便として以上の，形而上的に実質のあるものとしての $\emptyset$ を，わたしたちはしっかり理解しているとはいいがたい．自然数論を壮健なリアリティーのセンスをもって語るには，この問題を迂回することはゆるされない．これが集合の哲学における最大の難問といっていいだろう．

あとがき

　本書は，前著『「論理」を分析する』とともに，岩波現代全書95『「正しい」を分析する』で盛りこめなかった話題を別にあつかおうという意図で書かれた．自然数論という数学の1分野は，哲学的なトピックを多く抱えこんでいる．それは，その分野の内在的な性質——自然数という奇妙奇天烈な個体の学問であるという外見——がもともと哲学的問題提起の宝庫であるという事実のみならず，数学と哲学の歴史，特に19世紀から20世紀にかけての歴史が自然数論の哲学的意義をいやおうなく高める役割を果たしたという事実にも反映されている．

　19世紀から20世紀初頭は，学問のほぼすべての領域で大きな動きがおこる歴史的転換期だった．物理学だけをとっても，エネルギー保存の法則の発見，電子と原子核の発見，量子力学の誕生，相対性理論の誕生，銀河系以外の銀河の発見など，偉業がならぶ．生物学では進化論が，地質学では大陸移動説が提唱され，それぞれの学問の以後の発展の道筋を刻んだ．なかでも数学における変化はドラマティック以外の何物でもなかった．非ユークリッド幾何学のデビューは，2100年続いたユークリッド幾何学の絶対的権威を根本からゆるがしたが，自然数論でも，それに勝るとも劣らない根本的変革があったのである．

　自然数論の確実性とアプリオリ性の明確な説明が求められるようになり，その理論的基礎づけとして発明されたのが集合論である．その集合論を使って，まず自然数とは何かという問題への答えがあたえられ，さらに，それにもとづいて，自然数にかんする命題の確実性と，自然数にかんするわたしたちの知識のアプリオリ性の説明が試みられ

た．そうした一連の試みが最終的に成功するかどうかは，まだわからないが，自然数についてのわたしたちの理論的理解を深めたということに疑いはない．

　本書では歴史的な記述は意図的に避けた．著名な人物もふくめて，人名を列挙することも極力避けた（ラッセル，デーデキント，ペアーノ，ゲーデル，アリストテレス，デカルトは例外である）．必要なく学術的な風格をただよわせることにポジティブな意味はない．誰が何をどうしたかという知識を頭に詰めこむことより，何がどうなっているのかについて自分で考えることのほうが，はるかに大事である．

　従来の数論入門書とはちがって，かぞえるということの哲学的考察からはじめた．このごく日常的な行為が，いくつかの深い意味論的かつ形而上学的トピックを内蔵しているということをあきらかにし，それらのトピックをていねいに検討したあと，自然数を個体としてあつかう立場から，自然数をいかに定義するかという問題に複数の方向からいくつかのアプローチをした．そうするなかで，集合論が自然数論の基礎の構築において果たす中心的役割をみると同時に，自然数の認識論や無限数，さらにフィクショナリズムといったトピックにも触れた．自然数論の基礎を語るにあたって飛ばすことは許されない「不完全性定理」を吟味したあと，よく考えればミステリアスな集合という個体を避けるにはどうしたらいいかという，やっかいな問題について論じた．

　自然数について雑多な話題をつぎつぎととりあげ，紙面の許す範囲でできるだけていねいに哲学的議論をしたつもりである．それらの議論のどれかが，すこしでも多くの読者の知的興味をひき，そして自然数論について自分で考えることをはじめるきっかけになれば，著者と

してそれ以上にうれしいことはない．

　本書の刊行にあたって，岩波書店編集局第一編集部(現在は自然科学書編集部所属)の押田連氏におおきくお世話になった．心から感謝の意を表したい．
　　2017年11月1日　ロサンゼルス

八木沢敬

八木沢 敬

1953年生.プリンストン大学大学院修了(Ph.D. 1981).現在,カリフォルニア州立大学ノースリッジ校哲学科教授.専攻：形而上学,言語哲学,心の哲学.著書：*Worlds and Individuals, Possible and Otherwise*(Oxford UP, 2010).『分析哲学入門』(2011),『意味・真理・存在』(2013),『神から可能世界へ』(2014),『『不思議の国のアリス』の分析哲学』(2016, 以上いずれも講談社),『「正しい」を分析する』(2016),『「論理」を分析する』(2018, 以上岩波書店)など.

岩波現代全書 114
「数」を分析する

2018年3月15日　第1刷発行

著　者　八木沢　敬
発行者　岡本　厚
発行所　株式会社　岩波書店
〒101-8002 東京都千代田区一ツ橋 2-5-5
電話案内　03-5210-4000
http://www.iwanami.co.jp/

印刷・三秀舎　カバー・半七印刷　製本・松岳社

© Takashi Yagisawa 2018
ISBN978-4-00-029214-6　Printed in Japan

岩波現代全書発刊に際して

　いまここに到来しつつあるのはいかなる時代なのか．新しい世界への転換が実感されながらも，情況は錯綜し多様化している．先人たちは，山積する同時代の難題に直面しつつ，解を求めて学術を頼りに知的格闘を続けてきた．その学術は，いま既存の制度や細分化した学界に安住し，社会との接点を見失ってはいないだろうか．メディアは，事実を探求し真実を伝えることよりも，時流にとらわれ通念に迎合する傾向を強めてはいないだろうか．

　現在に立ち向かい，未来を生きぬくために，求められる学術の条件が3つある．第一に，現代社会の裾野と標高を見極めようとする真摯な探究心である．第二に，今日的課題に向き合い，人類が営々と蓄積してきた知的公共財を汲みとる構想力である．第三に，学術とメディアと社会の間を往還するしなやかな感性である．様々な分野で研究の最前線を行く知性を見出し，諸科学の構造解析力を出版活動に活かしていくことは，必ずや「知」の基盤強化に寄与することだろう．

　岩波書店創業者の岩波茂雄は，創業20年目の1933年，「現代学術の普及」を旨に「岩波全書」を発刊した．学術は同時代の人々が投げかける生々しい問題群に向き合い，公論を交わし，積極的な提言をおこなうという任務を負っていた．人々もまた学術の成果を思考と行動の糧としていた．「岩波全書」の理念を継承し，学術の初志に立ちかえり，現代の諸問題を受けとめ，全分野の最新最良の成果を，好学の読書子に送り続けていきたい．その願いを込めて，創業百年の今年，ここに「岩波現代全書」を創刊する．　　　　　　（2013年6月）